TRAVAUX AGRICOLES

DES

DOUZE MOIS

DANS

LA MOSELLE, LA MEURTHE ET LA MEUSE,

PUBLIÉS

PAR LE COMICE AGRICOLE DE METZ.

METZ.

WARION, LIBRAIRE DU COMICE,

Rue du Palais, 10.

1855.

METZ. — IMPRIMERIE F. BLANC, RUE DU PALAIS.

AVIS.

Les *Travaux agricoles des mois,* pour les départements de la Meuse, de la Meurthe et de la Moselle, dont le sol, le climat et les cultures sont les mêmes, ont été rédigés pour le Comice de Metz par deux hommes des plus compétents : MM. Pelte, ancien cultivateur, et Ory, président du Comice, Ces notes ont été accueillies avec une faveur marquée par les hommes spéciaux, qui y ont remarqué le fruit d'une longue expérience et d'une pratique intelligente de la culture. Ce succès a engagé les éditeurs à essayer de populariser, dans un livre à bon marché, un travail qui ne restait connu, exclusivement, que des membres du Comice de Metz. Tel est le but de cette publication.

Elle contient tant d'indications utiles, d'observations importantes et de détails nécessaires que nous ne doutons pas de son succès. Elle sera bientôt considérée comme un véritable service rendu, par ses auteurs, aux cultivateurs de notre contrée.

TRAVAUX AGRICOLES

DES

DOUZE MOIS

DANS

LA MOSELLE, LA MEURTHE ET LA MEUSE.

La France possède beaucoup d'ouvrages excellents qui traitent de l'agriculture : de nouvelles découvertes viennent tous les jours contribuer aux progrès de cet art ; mais ce qui manque encore et ce qui serait cependant d'un secours pratique incontestable aux cultivateurs, c'est le calendrier agricole suffisamment explicatif de chaque région ou de chaque département.

Quoi de plus utile, en effet, que cette espèce de manuel où ceux qui se vouent aux travaux des champs trouveraient indiqués avec exactitude les travaux de chaque mois, l'heure précise, pour ainsi dire, de leur exécution et la série des soins à donner aux récoltes de toute nature et aux bestiaux de toute espèce. Les jeunes cultivateurs surtout y puiseraient d'heureux enseignements ; car, si chez eux l'instruction ne fait pas défaut, ce qui leur échappe, c'est l'expérience, et elle ne s'acquiert qu'avec beaucoup de temps et souvent même jamais.

Comme je n'ai plus, dans la retraite où je vis, que le seul désir de mettre les autres en situation de profiter de ce que j'ai moi-même appris avec tant de peine, j'ose espérer qu'on voudra bien ne voir qu'une preuve de mon dévouement sincère aux intérêts de nos agriculteurs, dans les efforts que je vais tenter pour ébaucher le premier travail de notre *Calendrier agricole*.

Avant d'entrer dans les détails des travaux de chaque mois, il est essentiel de bien déterminer la base sur laquelle repose ce qu'on est convenu d'appeler une agriculture, une économie.

ASSOLEMENT.

La première chose qui doive occuper celui qui veut cultiver une ferme, c'est l'assolement. Il est déterminé par la nature même du terrain.

Dans la pratique, se rencontrent différents assolements..... assolement triennal, assolement de quatre, cinq, six et sept années, c'est-à-dire partage des terres labourables en soles où les récoltes se suivront dans l'ordre de trois, quatre, cinq, six et sept années.

Selon moi, l'assolement triennal doit être absolument abandonné : il n'est plus en rapport avec les connaissances actuelles ni avec les besoins qui ont grandi. Les modifications qu'on a cherché à y introduire n'aboutissent qu'à épuiser la terre sans qu'elles en augmentent les produits.

L'assolement de quatre ans a également ses inconvénients : il ne donne qu'un quart en blé, à moins qu'on ne supprime l'avoine, et la reproduction du trèfle par le même terrain tous les quatre ans est trop fréquente pour donner la légitime espérance d'une bonne récolte. Les terres fortes ne peuvent pas non plus supporter la suppression absolue de la jachère.

Les assolements de cinq et sept années sont ceux auxquels je me suis arrêté de préférence à tous autres. Celui de cinq années convient à-peu-près à toutes les natures de terre ; le second, surtout, aux terres légères et fertiles produisant volontiers des graines oléagineuses, des racines, etc.

L'assolement est le pivot sur lequel se meut toute la machine agricole : son principal rouage est le trèfle ; viennent ensuite les plantes sarclées.

La combinaison des soles doit être faite de telle façon que

l'ordre de succession des récoltes en assure déjà l'abondance en même temps qu'il devient une garantie contre l'envahissement des plantes parasites.

Le cultivateur, en calculant l'équilibre de ses produits, ne doit pas perdre de vue que l'assolement fournira la quantité d'aliments nécessaire au nombre de bestiaux indispensables à la ferme.

Qui ne sait, en effet, que le bétail rend aux champs qui le nourrissent, en échange de ce qu'il en reçoit, l'engrais, agent principal de toute fertilisation.

Je me permettrai toutefois de rappeler ici une petite brochure sur un nouveau mode d'assolement que j'ai publiée en 1854. Les développements qu'elle renferme sur cette importante question sont suffisants sans que j'aie besoin de les répéter ici.

ENGRAIS.

La préparation des engrais est aussi d'une grande importance : les principaux et les véritables sont les excréments et les urines ; la paille que l'on y ajoute, augmente le volume sans rien donner à la qualité. L'abondance de la paille dans le fumier a cependant parfois son utilité ; dans les terres argileuses, par exemple, un fumier abondant en paille a bien plutôt pour but d'empêcher la terre de se tasser, en la maintenant poreuse, que de lui apporter directement une fertilité qu'elle trouve ailleurs.

Lorsqu'on a soin de mélanger les fumiers des différentes espèces de bestiaux et qu'il existe, à proximité du tas, une fosse à purin qui facilite l'arrosage, la paille absorbe le liquide et entre bientôt dans une fermentation qui en change la nature et l'assimile mieux à l'engrais. Mais cette possibilité de réduction de la paille en fumier ne doit pas empêcher le cultivateur de faire consommer par son nombreux bétail le plus de paille qu'il pourra, surtout s'il possède assez d'aliments succulents pour compenser la pauvreté de cette nourriture secondaire. Les résultats que fournissent les animaux sont toujours les meilleurs.

Les petits engrais ou composts sont également d'une grande

valeur. Dans toutes les fermes, on a des terres que l'on peut enlever sans nuire à rien : ces terres sont amenées dans la cour de la ferme dans un moment où les travaux sont peu pressants et déposées dans un coin qui leur est réservé. Elles sont étendues par couches. On y ajoute toutes les ordures, les balayures, les eaux grasses, les cendres de lessive, la lessive elle-même, les matières fécales, la fiante des volailles : on arrose le tout avec du purin, et ce mélange, après quelques semaines de fermentation, forme un engrais puissant et peu coûteux qui convient particulièrement dans les prairies basses ou froides. Un ouvrier qui serait spécialement chargé de soigner les engrais et de les confectionner, serait, sans contredit, celui qui procurerait le plus de bénéfices à son maître ; mais cet ouvrier spécial n'est pas nécessaire partout, il se trouve toujours quelques heures dans chaque semaine, et surtout pendant l'hiver, qui peuvent être consacrées aux engrais.

Dans une ferme en voie de progrès, on ne manque pas d'utiliser toutes les eaux pluviales qui se recueillent dans la cour. On les réunit sur un point d'où elles sont dirigées dans une prairie que l'on a du créer exprès à proximité des bâtiments ; s'il n'en existait pas ou s'il n'en existait qu'à une distance plus considérable, ce serait une faible difficulté à vaincre dans l'un et l'autre cas. On peut toujours créer une prairie et poser à travers champ pour y arriver, fût-elle même éloignée, un conduit en pierres sèches, ou en tuyaux de drainage, de manière à pouvoir l'arroser. La dépense d'une pareille construction serait bientôt récupérée par les bons effets que ces eaux saturées d'engrais ne manquent jamais d'opérer sur les prés où elles se répandent.

PRAIRIES.

Il est encore très-essentiel, en agriculture, de donner aux prairies les soins que comporte leur amélioration : beaucoup de fourrage compte beaucoup de bétail et dès-lors beaucoup de fumier ; c'est ainsi que tout se lie et ne forme qu'un tout avec l'assolement.

Les moyens que l'on a employés jusqu'à présent pour l'amélioration des prairies ont été peu efficaces ; le drainage changera la face des choses, je n'en fais aucun doute. C'est là surtout que doit se manifester pour nous l'utilité de l'application de ce moyen.

Les prairies se trouvent, pour la plupart, situées sur les bords de petites rivières ou de grands ruisseaux : elles sont fréquemment submergées par des eaux dont le séjour prolongé entre le gazon et le sous-sol fait bien plus de mal que de bien. Abandonnées à elles-mêmes, les prairies ne sèchent que difficilement et ne peuvent donner que du foin de médiocre qualité ; presque partout cependant on pourrait pratiquer le drainage et même établir des irrigations sur une grande échelle. La combinaison de ces deux opérations pratiquées à la fois sur le même terrain sont, à mon point de vue, ce que le progrès actuel de l'agriculture a obtenu de plus beau et de plus profitable.

On rencontre d'autres prairies situées entre des pièces de terre, au point de jonction de deux pentes opposées ; ce qui arrive fréquemment dans les terres fortes ou blanches, à sous-sol argileux. Dans ces sortes de terres, le sous-sol n'étant point perméable, les eaux des deux versants, entraînées par la pente, viennent se réunir sous la couche végétale, au pied même des pentes, dans la prairie : elles y séjournent et y entretiennent une fraîcheur presque continuelle ; et l'on ne sait que trop qu'à cette humidité sont dues toutes ces mauvaises herbes parmi lesquelles se distingue surtout, par sa pernicieuse influence sur la qualité du foin, cette espèce de petit roseau bleuâtre si commun dans les prés aigres.

Ici encore, le drainage peut assainir complétement le sol et changer en peu de temps la nature de l'herbe ; car, les eaux qui jusqu'alors sont venues, en pure perte, de la couche végétale, chargées de matières fertilisantes, ne trouveront plus, après l'opération, ces eaux croupissantes qui neutralisaient leurs bonnes qualités. Si l'on ajoute à l'effet du drainage celui à obtenir par les améliorations ordinaires, engrais et composts, les cultivateurs qui se plaignent avec raison de la mauvaise qualité de leur foin , pourront bientôt se féliciter des changements que tous ces moyens réunis apporteront dans leurs prairies et les fourrages qu'elles leur donnent.

A ceux qui objecteraient que les prairies forment à-peu-près sur tous les territoires un ensemble dont la propriété est divisée, je répondrai que cette division dans la propriété ne saurait être longtemps un obstacle sérieux au drainage : déjà la loi a prévu ces difficultés et l'amélioration évidente due à ce travail amènera d'ailleurs bientôt les propriétaires à s'entendre pour y avoir recours : les grandes lignes de drains conducteurs se faisant dès-lors en commun pourront recevoir les eaux de tous les points des prairies même les plus indivises.

BÉTAIL.

L'amélioration des races de bestiaux, en général, se rattache encore bien plus intimement qu'on ne semble le croire à l'amélioration des prairies.

Ne serait-il pas absurde, en effet, de prétendre nourrir des races normandes, flamandes ou anglaises et hollandaises avec les produits de prairies non améliorées. Qu'on aille étudier la nature des herbages de nos voisins, et l'on ne tardera pas à reconnaître qu'ils leur doivent ces belles races que nous leur envions. Réalisons donc dans nos prairies ce qu'ils ont fait pour les leurs, et la bonne qualité et l'abondance de nos fourrages nous débarrassera insensiblement des races chétives du pays. Alors seulement nous pourrons avec fruit, pour gagner du temps toujours si précieux quand il s'agit de progrès, recourir à des mâles bien choisis dans les races étrangères : nous aurons la certitude de ne plus les voir dégénérer chez nous par suite d'un changement de nourriture trop considérable, et le travail de notre perfectionnement gagnera des années.

Le cultivateur qui veut élever des chevaux doit, avant tout, produire le cheval qui convient au genre de service auquel il est destiné. Il faut qu'il soit bien conformé et fort, léger dans ses allures, afin qu'après quelques années de bon travail dans la ferme, il puisse encore être vendu avec avantage pour un usage quelconque.

Dans le choix des sujets de la race bovine, qu'on ne perde pas de vue la position topographique de la ferme et la nature de ses débouchés.

Il existe une différence essentielle entre la vache véritable laitière et la vache de boucherie. La première s'entretient difficilement, a des formes souvent peu élégantes ; la seconde, au contraire, a l'œil vif, la peau souple, le poil luisant, les formes arrondies : elle est toujours en bon état. Chez elle on doit rechercher l'ampleur de la poitrine et le développement de la culotte : les os doivent être petits comme dans la race de Durham. Pour les laitières, il faut choisir rigoureusement ses bêtes dans ces races qui possèdent les signes au moyen desquels on reconnaît si sûrement la qualité que l'on recherche. Tout le monde sait que différents auteurs ont traité cette matière ; parmi eux se recommande particulièrement Guenon.

En général, dans les fermes, pour le produit du bétail, on se contente de trouver, dans le prix de vente de la bête la compensation de celui de la nourriture, et le fumier représente la paille. Mais il est aisé de comprendre, d'après ce qui vient d'être dit des différentes manières d'exploiter la race bovine, qu'un cultivateur intelligent, dans le choix tout seul de ses bêtes, peut déjà se préparer des éléments certains de bénéfices, bien différents de ceux dont on se contente communément aujourd'hui et dont rien n'empêche au reste de prévoir encore l'augmentation.

De même que la race bovine nous a offert deux sources bien distinctes de profits, de même la race ovine se recommande au cultivateur par deux genres différents de produits. On nourrit les moutons pour la viande et pour la laine. C'est donc ici, comme partout, à celui qui veut en user, à bien étudier son climat et son sol pour savoir qu'elle race réussira le mieux chez lui, afin que selon les indications de sa situation, il puisse travailler à rechercher son bénéfice principal dans la viande ou dans la laine.

Telles sont les bases essentielles sur lesquelles reposent les travaux de l'agriculture, assolement ou production des denrées de toute nature, engrais ou amélioration du sol, prairies, chevaux et bétail : tel est le fondement de l'édifice. Vouloir cultiver sans préalablement se bien pénétrer de l'importance de chacune de ces choses en particulier, et de l'influence qu'elles exercent réciproquement l'une sur l'autre, c'est s'exposer à cultiver sans profit.

TRAVAUX DES MOIS.

JANVIER.

LABOURS.

Malgré les rigueurs habituelles de la saison, la température permet quelquefois, au mois de janvier, de continuer les labours d'hiver qui n'ont pu être achevés en novembre ou décembre. Dans les terres fortes ces labours ont l'avantage d'empêcher la terre de se tasser : il y a moins de temps pour gagner le printemps, et les gelées de février et de mars favorisent l'ameublissement.

On doit éviter de cultiver en cette saison les terres blanches, la gelée ne produisant sur elles aucun effet. Une culture en billons pourrait cependant encore donner de bons résultats. Ces sortes de labours peu profonds se font en appuyant fortement deux raies l'une contre l'autre : il se forme ainsi de chaque côté du billon, un espace vide ou rigole qui sert à égoutter les terres. Si, au printemps, par un beau jour, on donne une seconde culture qui refend les billons, on obtient alors une terre bien préparée, bientôt parfaitement ameublie.

TRANSPORT DES FUMIERS.

Pendant les fortes gelées, on conduit les fumiers si déjà ils n'ont été enlevés. C'est aussi en ce moment que se transportent les terres pour nivellement de terrains et celles nécessaires aux composts.

Les travaux varient selon le degré de la température, l'essentiel est que le temps soit utilisé : ainsi, labourer par les petites gelées ; quand elles deviennent plus fortes, faire les transports. Tous ces moments doivent être saisis avec soin, car cela ne dure souvent que quelques jours, la neige vient tout-à-coup suspendre les travaux.

Toutes les fermes champêtres ne sont pas en situation de profiter des chemins entretenus en bon état de viabilité par les communes, quoique, dans une exploitation agricole, rien ne soit plus urgent que de bons chemins : le propriétaire et le fermier y gagnent l'un et l'autre. On conçoit les avantages nombreux attachés à la facilité des charrois pendant toute l'année. On fera donc bien aussi de profiter des temps de gelée sèche pour disposer sur les chemins, aux places où ils peuvent être le plus utiles, des dépôts de pierres. C'est, pour les hommes et les chevaux, encore une occupation de circonstance qui peut éviter plus tard, dans une saison plus occupée, un dérangement au cours des travaux.

BATTAGE.

Malgré la promptitude du battage des grains depuis l'introduction des machines à battre, il en reste ordinairement assez en janvier pour occuper les jours où la neige et la pluie interdisent les travaux du dehors ; c'est un des vrais travaux de la saison.

AMENDEMENTS.

Le cultivateur doit songer aux amendements dont il aura besoin dans le courant de l'année. La marne, la chaux, le plâtre judicieusement employés ont une grande importance. Chacun connaît les bons effets du plâtre : cependant il y a telles sortes de terres où ces effets sont peu sensibles, principalement les terres blanches non sablonneuses ; par contre, on obtient dans ces terres des résultats très-satisfaisants avec la chaux. La quantité à employer varie selon la nature du terrain et la qualité de la chaux. Dans des terrains de cette dernière nature , quarante-deux hectolitres par hectare ont quelquefois suffi. Le cultivateur qui peut user de la chaux pourrait aisément faire construire un petit four à chaux à la houille. Dans ces fours la cuisson n'est ni difficile ni dispendieuse ; on peut même se passer d'un homme du métier, et l'on se procure ainsi à peu de frais la quantité de chaux réclamée par son exploitation.

ENGRAISSEMENT DES BESTIAUX.

L'engraissement d'hiver des bêtes à cornes est en janvier au plus fort de sa marche. Cette industrie demande, au cultivateur qui s'y livre, une grande habileté dans les achats et les ventes : elle ne s'acquiert qu'à force de fréquenter les marchés et les foires. Celui qui peut faire ses affaires lui-même évite de passer par des mains intermédiaires trop souvent habiles à tromper. Mais malgré toutes les précautions possibles on n'arrive guère encore qu'à des profits médiocres, à moins que l'on ne possède des résidus de distillerie. Cependant comme les bestiaux sont la machine à engrais par excellence, et comme l'engrais est à la terre ce que la nourriture est à l'homme, l'engrais doit être pris en grande considération et avoir son poids dans la balance des bénéfices.

Le bétail offre trois sortes de produits différents : le lait, l'élève et l'engraissement. Le produit en lait est le plus lucratif quand on est en situation de pouvoir débiter cette marchandise. Après le lait, l'élève si l'on sait, et que l'on puisse se créer une bonne race.

Les bêtes que l'on engraisse fournissent le moindre bénéfice, mais on ne doit pas oublier la quantité et la qualité des fumiers qu'elles procurent.

L'engraissement d'un bœuf dure quatre à cinq mois. Sa nourriture coûte alors autant que celle d'une vache laitière pendant un an , ou celle de deux génisses de quinze à dix-huit mois ; il donne à lui seul en ce court espace de temps autant de fumier que la vache ou les génisses pendant leur année. Le fumier est de meilleure qualité.

Dans un autre ordre de compensations, on trouve qu'avec l'engraissement le capital engagé pour six mois seulement peut être utilisé deux fois pendant l'année.

En achetant des bœufs au mois d'août on peut très-bien, quand les travaux deviennent pressants, les atteler tous les jours pendant quatre ou cinq heures sans qu'ils soient empêchés par ce travail de tirer profit de la pâture peu coûteuse des prairies où on les abandonne. L'embonpoint qu'ils acquièrent alors commence très-favorablement l'engraissement.

L'étable des bœufs à l'engrais doit être bien close, chaude, tenue très-proprement. Les bêtes doivent jouir d'une grande tranquillité. Leurs repas doivent être bien réglés : deux par jour sont suffisants pourvu qu'il y ait abondance. Sur la fin de leur temps, la nourriture doit devenir de plus en plus substantielle ; le foin, qui forme toujours une partie principale du repas, doit être de bonne qualité. Les autres aliments varient selon les ressources et le prix de chaque nature de production. On emploie quelquefois les racines crues, mais les féverolles trempées ajoutées à des farineux et le pain d'huile surtout, constituent une nourriture qui hâte singulièrement l'engraissement.

FÉVRIER.

TRAVAUX DIVERS.

Une partie de février est consacrée à l'achèvement du battage des grains et à la conduite des fumiers lorsque le temps le permet.

Ceux qui ont terminé ces deux opérations ont la ressource des transports divers indiqués dans le mois précédent : si la saison est pluvieuse, qu'on s'applique à préparer des engrais, à disposer pour l'avenir les rations de fourrage. Les jours que l'on consacre au bottelage des foins se récupèrent plus tard par la facilité et la promptitude avec lesquelles on distribue aux chevaux leur nourriture : c'est d'ailleurs un moyen de se rendre compte de ce qu'on possède et d'en distribuer convenablement l'emploi. On évite encore le gaspillage, et les bêtes plus également rationnées s'en portent mieux.

POIS PRINTANIERS.

On commence à labourer à la fin de ce mois pour semer les pois printaniers. Quand on a pu donner au terrain une culture, immédiatement après l'enlèvement de la récolte précédente, la terre s'en ressent au printemps : elle est plus meuble au moment où on lui confie la graine. Ce terrain doit être en assez bon état pour qu'on puisse se dispenser de le fumer pour l'ensemencer.

On sème les pois à la volée ou on les plante. Le second mode rapporte plus mais il exige plus de frais par le piochage ; ceux qui ne font pas cette culture trop en grand font bien d'user du dernier mode ; il y a bien aussi quelque économie dans la semence, et la propreté qu'entretiennent dans le terrain les deux ou trois piochages qu'on lui donne, en outre qu'ils assurent une récolte en pois plus abondante, prédisposent bien la terre à recevoir le blé.

FÉVEROLLES.

La terre forte convient aux féverolles : celles que l'on séme en février sont ordinairement les plus productives. On peut cependant attendre, pour les semer, jusqu'en mars, sans perdre pour cela l'espoir d'un bon rendement. La terre doit autant que possible être labourée avant l'hiver. Il arrive souvent qu'on a plus d'avantage à semer sur cette culture en passant seulement le scarificateur : dans ces conditions, la récolte est presque toujours plus abondante, parce que les vents si arides de mars ne dessèchent pas autant la terre ainsi labourée d'avance que celle fraîchement retournée.

On donne à la féverolle au moins un piochage, et deux si faire se peut. Lorsqu'un troisième paraît nécessaire et que, la végétation de la plante le permet, il ne faut pas hésiter. Ces frais seront largement compensés par la récolte des féverolles et par celle en blé qui doit suivre.

La méthode qui consiste à semer en ligne semble préférable. Les piochages sont plus faciles et moins dangereux pour la plante. Dans un champ semé à la volée comment est-il possible au piocheur qui veut couper une mauvaise herbe d'éviter toujours de couper une plante dans la confusion qui règne ? Il faudrait supposer aux piocheurs un bon vouloir qu'on rencontre rarement chez les ouvriers.

AVOINE.

Quoique l'avoine puisse déjà se semer en février, beaucoup de cultivateurs préfèrent en ce mois, labourer seulement les terres qu'ils lui destinent, et les laisser exposées aux gelées de la saison pour ne les ensemencer qu'en mars. Le temps, alors plus avancé, laisse moins à craindre des intempéries.

PAVOTS.

On sème les pavots; mais cette plante, peu cultivée en grand dans cette contrée, va mieux, du reste, à la petite culture. La récolte en demande trop de précautions.

TRÈFLE.

C'est à la fin de février qu'on sème le plus avantageusement le trèfle dans les terres ensemencées en blé, destinées à ce second ensemencement.

Il faut que celui qui sème le trèfle connaisse bien ce genre de travail. Il arrive souvent que les graines mal répandues germent et forment, à leur sortie de terre, des arcs de cercle qui marquent les pas du semeur : il existe un vide entre chacune des poignées dispersées sur le sol ; ce défaut provient de la négligence du semeur à étendre le bras et à lancer fortement la graine.

Ces vides sont bientôt envahis par le chiendent et d'autres mauvaises herbes, et la récolte de trèfle et celle qui doit la suivre en souffrent considérablement. Pour obvier à ces inconvénients si le cultivateur ne peut pas semer lui-même, ce qui est toujours le meilleur moyen, il fera bien d'obliger son semeur à ne prendre en sa main que la moitié de la quantité de graines ordinaire et à semer ainsi en deux fois le terrain qu'il aurait pu semer en une seule. Les pas du semeur ne se trouvent pas au second passage dans les traces laissées par le premier, et la dispersion de la graine s'opère plus également.

On fera bien d'éviter de semer le trèfle par le vent, car le vent est toujours un grand obstacle à la régularité des semailles de graines légères. Dans une grande exploitation, où l'on a souvent deux semeurs, on fait passer chacun une fois sur chaque sillon. Les semailles n'en sont que plus régulières, car le défaut de l'un est corrigé par la qualité de l'autre et réciproquement. On doit autant que possible donner aux semeurs une mesure qui leur donne la quantité de graines à mettre dans chaque pièce de terre.

Il faut choisir de la belle graine. La plus récemment récoltée doit avoir la préférence nonobstant l'élévation du prix.

A l'époque où l'on a introduit la culture du trèfle, pour semer un hectare dans les terres légéres, on employait huit ou neuf kilogrammes de graines. Depuis on a élevé successivement cette quantité à douze et quinze kilogrammes, et même à dix-huit dans les terres fortes.

Il est bon après l'ensemencement du trèfle de donner, par un beau temps, à la terre, un léger hersage et d'y passer le rouleau. Cette opération, exécutée convenablement, permet au trèfle de s'enraciner plus facilement et le blé lui-même y trouve son avantage.

APPROVISIONNEMENTS.

Il ne faut pas manquer en février, de vérifier les quantités de fourrage que l'on possède encore, afin de savoir si les approvisionnements seront suffisants. On ne manquera pas non plus de faire l'inspection des silos de betteraves, ou autres, pour s'assurer des avaries occasionnées par l'hiver et pour utiliser immédiatement la partie, encore saine, de ces racines attaquées de la gelée ou de la pourriture.

STAGNATION DES EAUX.

On ne négligera pas de visiter les terres exposées à des stagnations d'eaux de pluies ou de fontes de neige. Le séjour de l'eau ne nuit pas seulement à la plante, elle nuit encore à la terre qu'elle rend plus compacte et plus froide.

TAUPINIÈRES.

On répandra également à cette époque les taupinières qui se trouvent dans les prés. Ces petits monceaux de terre sont préjudiciables à l'herbe qui va bientôt pousser, et elles gênent beaucoup, plus tard, la coupe des foins, elles arrêtent la faux et l'empêchent d'abattre bien des poignées d'herbe.

ATTIRAILS DE CULTURE.

On fera aussi l'inspection de tous les attirails de culture ; et s'il y a lieu d'en réparer quelques-uns, on s'en occupera immédiatement, afin qu'au fur et à mesure des besoins tous ces objets soient trouvés en bon état.

ASSOLEMENTS.

Quand l'on veut établir un nouvel assolement, il est nécessaire de classer les différentes soles avant l'ensemencement des trèfles ou de toute autre graine, afin de pouvoir mieux disposer le terrain selon le but que l'on se propose. Ne pas prendre ses dispositions en cette saison, la plus convenable de toute l'année, c'est vouloir un retard d'un an.

POULAINS.

C'est en février que les poulinières commencent à mettre bas : les éleveurs qui tiennent une note exacte du jour de la saillie des juments savent à-peu-près le moment de la naissance des poulains, sans qu'il puisse cependant être déterminé positivement à cause des variations qui se présentent. Ainsi, les jeunes poulinières devancent plutôt qu'elles ne dépassent le moment prévu. Celles plus âgées font le contraire. On reconnaît facilement l'approche de la délivrance aux indications suivantes : 1° les mamelles se durcissent et le lait qui conserve longtemps une couleur jaunâtre devient subitement blanc ; 2° le creux qui existe toujours près de la queue de chacun des côtés de la croupe d'une jument avancée dans la gestation se dessine davantage et devient très-apparent. A l'apparition de ces signes il faut surveiller les juments ; un gardien est même nécessaire pour la nuit afin que le maître soit averti à temps. A moins que le fœtus ne soit mal placé, il faut laisser la jument faire les efforts qui lui sont naturels pour mettre bas. Quand le cas fort rare d'un fœtus se présentant mal arrive, il faut avoir aussitôt recours au vétérinaire.

On débarrasse, après la naissance, le poulain des enveloppes qui pourraient l'étouffer et on lui passe le bout du doigt dans la bouche pour lui faciliter la respiration. On coupe ensuite le cordon ombilical à 5 ou 6 centimètres du ventre et on le lie avec un fil pour arrêter l'écoulement du sang. Quelques cultivateurs négligent cette précaution et s'en remettent aux soins de la nature ; mais s'il arrive, par exemple, comme on le voit quelquefois, que le cordon soit double et même triple, alors il faut absolument le couper ; car si on ne le faisait pas, il ne pourrait se rompre de lui-même qu'au ras du ventre du poulain et de là danger d'hémorrhagie. On voit encore quelquefois le fœtus, en se débattant, tirer tellement sur le cordon, qu'il déchire probablement quelques fibres à l'endroit où le cordon se lie au ventre et alors se détermine une inflammation à cette partie du ventre ; elle s'étend bientôt jusqu'à l'extrémité du cordon lié. Le cordon ne peut plus se sécher comme ordinairement cela se passe ; survient un abcès qui exige une opération toujours dangereuse pour le poulain.

Une heure après sa naissance, le poulain se tient déjà debout et cherche à découvrir ce qui doit lui donner ses aliments ; ceux que l'instinct sert moins bien que d'autres ont besoin de secours pour apprendre à teter leur mère. Parmi les poulinières, et surtout parmi les jeunes, on rencontre des juments chatouilleuses qui rebutent le poulain ; il en est quelques-unes chez lesquelles la petitesse des mamelles empêche le poulain de les saisir, d'autres encore où la grosseur et la dureté des mamelles déterminent un bourrelet qui les enveloppe : dans ces deux derniers cas, il faut traire un peu la jument pour dégager les mamelles, présenter ensuite le poulain et le maintenir jusqu'à ce qu'il parvienne à teter seul. Pour les juments chatouilleuses, on leur tient un pied de devant pour les mettre dans l'impossibilité de repousser le poulain ; on leur passe même une entrave à une jambe de derrière pour éviter au poulain des coups de pied, et on continue jusqu'à ce qu'elles s'habituent à le sentir près d'elles.

La mère doit être placée seule dans une écurie dès que la fin de sa gestation approche. Quand elle doit mettre bas, il est bon de garnir d'un peu de paille ou litière les parois de l'écurie, afin que le poulain en cherchant à se lever ne se blesse pas en tombant à droite ou à gauche. Si l'écurie est froide, il faut revêtir le poulain d'un drap qui le préserve, mouillé qu'il est, des inconvénients d'une température trop basse.

La jument a besoin de soins : on ne doit pas la faire sortir de l'écurie avant trois jours. Sa nourriture sera peu abondante : elle aura une boisson tiède dans laquelle on délayera de la farine de blé ou de féverolle ou d'orge. Après trois jours, quand on l'envoie à l'abreuvoir, il faut là quelqu'un qui veille à ce qu'elle boive peu. La jument qui nourrit réclame une bonne nourriture : sa ration doit être supérieure à celle des autres chevaux. J'ai vu des poulinières de forte taille avoir par jour 15 kilog. de fourrage, 8 litres d'avoine et 4 litres de sons mélangés de farineux, qui mangeaient encore une partie de la paille qu'on leur donnait en surcroît.

Il y a diverses manières de placer à l'écurie les poulinières. Dans les Pays-Bas, on les laisse quinze jours isolées des autres chevaux en prenant bien soin encore que ces derniers, en mettant leur nez par-dessus les parois séparatives, ne puissent inquiéter la jument et ne l'exposent ainsi à blesser son poulain par les mouvements brusques que détermine chez elle la protection dont elle veut l'entourer ; après ce laps de temps, le poulain devenu plus fort est réputé capable d'éviter lui-même ce qui peut lui nuire, et la mère avec lui rentre dans l'écurie commune. Quoique les chevaux de cette contrée ne soient pas à la vérité ferrés aux pieds de derrière, il n'en est pas moins dangereux pour le poulain d'avoir si peu de place autour de la mère.

Il semble plus convenable, et là surtout où les chevaux sont ferrés aux quatre pieds, de tenir toujours les juments et leurs poulains dans une écurie particulière. Si au lieu de chevaux de traits, ordinairement assez lourds, on élevait des chevaux d'un sang plus vif, cela deviendrait une nécessité absolue. Les écuries fermées, où la mère et le poulain peuvent également être libres, sont les meilleures. Les écuries doivent être assez spacieuses pour que le poulain puisse faire autour de la mère ses évolutions sans être trop gêné ou exposé à se blesser. On ne peut leur donner moins de $2^m,50$ de largeur sur 4^m de longueur. Il ne faut pas plus que la jument, en se retournant dans son écurie, puisse serrer son poulain contre une des parois, qu'il n'est indispensable au poulain de pouvoir demeurer couché derrière la mère sans être atteint par ses moindres mouvements.

BÊTES A CORNES.

Janvier et février sont les mois pendant lesquels les vaches mettent bas le plus ordinairement. On recommande en général de bien nourrir les vaches quelques mois avant qu'elles ne vêlent ; mais cette recommandation n'est guère utile que pour les vacheries où les bêtes sont mal nourries, car il ne me semble pas moins important de les bien nourrir toute l'année : pendant que le veau tette ne faut-il pas une bonne nourriture à la mère ? et plus tard, quand elle donne du lait, n'en doit-il pas être de même, à moins qu'on ne veuille manquer son but en la conservant ? Donc il faut toujours bien nourrir les vaches.

Il existe dans notre pays trois manières bien caractérisées d'entretenir les bêtes à cornes. La première et la moins pratiquée consiste à leur donner toute l'année de bons aliments, et c'est évidemment la meilleure par ses résultats.

D'après la seconde, la nourriture qu'elles reçoivent est suffisante à leur entretien sans qu'elle puisse procurer un profit réel.

Et enfin, la troisième consiste à donner à ces animaux une quantité de nourriture justement suffisante pour les empêcher de mourir de faim : et par cette méthode, au lieu de gagner ou de ne pas gagner, on perd.

La race qui a le plus de difficultés à mettre bas est sans contredit la vache suisse à cause de la grosseur de la tête et des membres du fœtus. Presque toujours il faut venir en aide aux bêtes suisses avec une corde ou un lien de paille qu'on attache adroitement aux pattes du veau et sur lesquelles on tire pour les dégager.

La race du pays vêle plus facilement, et celle de Durham

plus facilement encore, à cause de la petitesse des os de sa charpente : elle a rarement besoin de secours.

Le *Manuel de l'éleveur des bêtes à cornes,* par M. Villeroy, est un livre précieux où l'on peut trouver tous les renseignements possibles à ce sujet.

En février, il est bon de mettre à l'air les jeunes élèves par un beau soleil. Il faut, pendant l'hiver, éviter qu'ils ne se couvrent de poux ; la malpropreté les engendre : la tête, les oreilles, le col en sont souvent remplis. Cette vermine les dévore au point que la nourriture la plus succulente n'arrête pas le dépérissement. Le moyen le plus sûr de les en préserver consiste en un pansement quotidien fait au moyen d'une brosse de chiendent ou de buis : cette brosse assez dure entretient la peau exempte de crasse. Quand, ce qui arrive malheureusement encore, le pansage a été insuffisant et que les vaches sont pleines de poux, pour les en débarrasser le plus promptement possible, on se sert d'abord de lait de beurre, de cendres de lessive, d'eau de savon gras ; et si ces remèdes ne réussissent pas, d'une infusion de tabac. On la fait moins forte que celle qui est connue sous le nom d'*huile de tabac* et employée contre la gale des moutons. On frotte les bêtes avec une brosse en répandant cette eau de tabac sur les places infectées de vermine ; et pour être bien sûr que tout germe a péri complétement, on répète trois fois cette opération en laissant entre chacune d'elles huit jours d'intervalle.

BÊTES A LAINE.

Comme c'est aussi en février que les brebis font leurs agneaux, il importe qu'on les nourrisse convenablement pendant tout l'hiver et surtout au mois de janvier, afin qu'elles soient mieux en état de nourrir. C'est le moment où, dans les grands troupeaux, il faut davantage surveiller le berger et s'assurer de sa présence lorsqu'une brebis se dispose à mettre bas.

Chaque jour il arrive une ou plusieurs naissances : c'est une école bien intéressante pour le cultivateur possesseur d'un troupeau. En examinant les phénomènes qui se présentent, on acquiert une expérience souvent utile avec toute autre espèce d'animaux. C'est à leurs observations si répétées que la plupart des bergers doivent, en cette matière, les connaissances qu'ils ont généralement.

Les bêtes à laine ne trouvent point à se nourrir alors en pâture, il faut donc qu'elles reçoivent leur nourriture à l'étable. Les mères exigent des aliments substantiels, qui leur permettent de bien entretenir les agneaux tout en se conservant elles-mêmes. On donne assez ordinairement un kilogramme de foin par tête : mais si l'on y ajoutait un kilogramme de betteraves ou de carottes mélangées de petite paille, ne serait-ce que de celle de colza, ce surcroît se trouverait bien compensé.

C'est en février qu'on engraisse les moutons. Dans l'arrondissement de Briey on se livre plus particulièrement à ce genre de commerce. Y a-t-il toujours avantage à les engraisser à l'écurie ? En expérimentant cette méthode avec soin, c'est-à-dire en estimant les moutons avant la graisse et en tenant un compte exact de ce qu'ils consomment, on serait tenté de croire qu'on arrive difficilement à un bénéfice. Cependant, lorsque les fourrages, les pommes de terre, les féverolles et les pains d'huile, tout ce qui sert d'aliment en un mot est à bon marché, on peut essayer, car ne dût-il rester comme bénéfice que le fumier, c'est déjà quelque chose. Le succès dépend ensuite du prix de la viande au moment de la vente.

Le bénéfice que l'on peut espérer dépend encore de la nature même des moutons. Sont-ils trop jeunes, ils continuent à croître pendant le premier mois et n'engraissent point. Quatre ans est l'âge convenable pour l'engraissement : on peut admettre toutefois trois ans révolus. L'essentiel est que le mouton soit parfaitement sain et vigoureux.

Quand il arrive qu'un troupeau qui paraissait bien sain se trouve tout-à-coup atteint de cachexie, ou, selon l'expression plus usitée, de pourriture, et qu'on peut craindre de le perdre, comme il est impossible de le vendre comme bêtes de nourriture, il faut se hâter de le mettre à l'engrais. On lui donne alors des aliments aussi substantiels que possible, souvent du sel et aussi à boire. Dans ces conditions, tout mouton qui au bout de deux semaines ne profite point et présente un air triste et abattu doit être immédiatement vendu tel quel, car il sera mort avant la fin de l'engraissement des autres. Si deux mois suffisent à un troupeau sain pour l'engraissement, on ne peut déterminer le temps nécessaire à des moutons atteints de cachexie. Dès qu'on s'aperçoit qu'ils ne profitent plus, il faut s'en défaire à moins qu'on ne veuille les nourrir en pure perte.

MARS.

BLÉ DE PRINTEMPS.

Le blé de printemps se cultive rarement dans une grande proportion. Dans l'arrondissement de Thionville, cependant, on donne quelque étendue à cette culture et l'on obtient parfois de bonnes récoltes.

Les terres légères sont celles qui lui conviennent le mieux : on peut en semer aussi dans un terrain plus fort, un peu calcaire; mais là plus que partout ailleurs, à la condition que la terre ne sera ni fraîche, ni épuisée, qu'elle s'ameublira bien.

C'est la première quinzaine du mois qui convient le mieux à ces semailles ; plus tard, ça pourrait être compromettant pour le produit.

Quand les blés d'automne ont beaucoup souffert de l'hiver, qu'ils ont toute l'apparence de devoir donner une mauvaise récolte, le blé de printemps les remplace parfois avantageusement ; il trouve alors une terre bien préparée. On l'emploie également avec succès en remplacement des seigles rongés par les insectes d'automne.

Il est bon de remarquer, en passant, que le seigle qui vient bien après le blé d'automne donne, après le blé de printemps, une mauvaise récolte.

On doit semer le blé de printemps plus épais que le blé d'automne et la chose se fait naturellement sans qu'on ait besoin de changer les mesures, car la graine du premier étant plus petite que celle du second, la mesure en contient davantage.

AVOINE.

Mars est la saison ordinaire des semailles d'avoine. Sans examiner en détail les variétés de cette céréale, il n'est pas sans intérêt d'apprécier quelques - unes de leurs différences. Ainsi l'avoine blanche printanière s'égraine volontiers et mûrit précisément au moment de la moisson des blés, ce qui n'est pas un petit inconvénient, à cette époque si chargée de besogne.

Les avoines de Hongrie demandent un sol riche, leurs pailles deviennent grosses et dures ; elles sont peu recherchées des bestiaux.

L'ancienne avoine noire est celle peut-être qui offre encore le plus d'avantages réels. L'essentiel est de choisir de la belle semence, un beau grain bien fourni, lourd, exempt de moiteur. Il faut prendre garde qu'elle ait été échauffée si l'on veut avoir une germination facile et sûre. Deux hectolitres et demi à trois hectolitres sont nécessaires par hectare.

Communément on sème l'avoine sur un seul labour donné immédiatement avant l'ensemencement.

Dans les terres fortes on laboure en février, afin que les dernières gelées du printemps ameublissent la terre. Il y a même des cultivateurs qui labourent avant l'hiver. Toutes ces méthodes, utilement pratiquées selon la nature des terres auxquelles on les applique, ne sont cependant pas exemptes d'inconvénients : ainsi, dans un terrain bien ameubli, les mauvaises herbes lèvent également très-facilement, elles infestent la terre. Pour éviter ce danger, on peut, à la vérité, retarder les semailles jusqu'après la germination des mauvaises graines : on passe alors le scarificateur ou l'extirpateur ; après cette opération, on voit souvent la terre jonchée des germes qui ont été arrachés ; l'on peut désormais semer avec confiance. Ainsi semée dans une terre déjà réchauffée et bien ameublie, l'avoine lève promptement, et sa végétation demeure d'autant plus active qu'elle n'est plus entravée par rien.

En comparant un ensemencement fait avec ces précautions à celui qui consiste à répandre la graine sur les bandes de terre demeurées telles que la charrue les a retournées, on s'apercevra bientôt que, dans ce second cas, les graines germées éprouvent de la difficulté à développer leur racine, qu'elles se dessèchent souvent et que celles qui tombent dans la profondeur des raies n'apparaissent qu'au mois de mai. Le choix de la méthode et son mode de pratique deviennent dès-lors faciles à faire.

TRÈFLE.

Avec l'avoine se sème le trèfle ordinaire. Cependant si la terre présentait trop de mottes, il serait prudent de remettre cet ensemencement après les semailles d'avoine et d'attendre qu'une pluie, en amollissant ces mottes, ait permis au rouleau d'égaliser le terrain.

C'est également en mars que se sème le trèfle blanc. L'exiguité de la graine exige de celui qui la répand une bien grande attention. Quand on le sème seul, il faut la même quantité de semence par hectare que pour le trèfle ordinaire. Et en effet, comme il est destiné au pâturage, la surface du terrain doit être couverte par les tiges, entrelacées de telle façon que cela ne forme pour ainsi dire qu'un tapis du même morceau. Il est cependant utile de mêler avec le trèfle blanc quelques autres espèces de plantes herbacées choisies d'après la nature du sol. Les graines qui tombent dans les ouvertures par où se déchargent les foins peuvent servir à ce mélange. Le pâturage ainsi formé de diverses plantes expose moins les bêtes au météorisme que s'il était uniquement composé de trèfle. On doit toutefois semer à part chacune des graines, afin que les herbages bien répandus pointillent à travers le trèfle et que les bestiaux soient contraints plus tard à paître le trèfle et l'herbe à la fois. Sans cette précaution, le trèfle serait toujours pris de préférence.

Le trèfle blanc est très-nourrissant : il y a peu de plantes qui donnent autant que lui l'espoir d'une bonne récolte pour la denrée, blé ou colza, qui lui succédera. Seulement il faut prendre la précaution de donner au sol qui l'a porté deux labours : le premier, peu profond, a pour but de retourner seulement la bande de terre soulevée par le soc, de façon à ce que le fumier qu'on aura pu répandre à la surface et les tiges de trèfle soient légèrement enfouis ; le second enfermera le tout en terre assez profondément pour qu'il n'y ait plus à craindre de revoir jamais le trèfle.

Les terrains sablonneux conviennent particulièrement au trèfle blanc.

VESCES.

Pour avoir, après la première coupe du trèfle, de la nourriture en vert à donner aux chevaux et au bétail, le cultivateur fera bien de semer en mars les premières vesces. C'est d'ailleurs la plante qui remplace le mieux le trèfle quand ce dernier a mal réussi.

La terre qui leur convient surtout est celle qui demeure ordinairement un peu fraîche ; on doit toutefois éviter de la cultiver tant qu'à cette fraîcheur naturelle s'en ajouterait une autre provenant de pluies récentes. Il faut deux hectolitres de semence par hectare. Il est indispensable de mettre un cinquième d'avoine ou d'orge dans la semence si l'on veut empêcher les vesces de verser.

Cette plante, toujours coupée verte, est celle qui laisse après elle le plus de temps pour disposer la terre à recevoir le blé de l'année suivante.

POIS VERTS.

On commence à semer en mars des pois verts, quoique souvent on ferait mieux d'attendre le commencement d'avril.

Cette plante légumineuse demande, en effet, que la terre, au moment du labour, ne soit pas fraîche ; elle a besoin qu'elle s'ameublisse bien.

On cultive peu le pois gris dans la Moselle. Les cultivateurs de la Beauce l'apprécient au contraire beaucoup : ils le coupent comme fourrage, et c'est pour eux, dans la saison d'hiver, une ressource précieuse pour leurs moutons.

LENTILLES.

La terre qui convient à la lentille est celle d'une consistance moyenne : comme cette plante exige une terre parfaitement meuble, il est prudent de donner un labour d'hiver à celle qu'on lui destine. On sème avec les précautions indiquées pour l'avoine.

SEMEUR.

De tous les travaux de l'agriculture, l'ensemencement est celui auquel on doit apporter la plus scrupuleuse attention. On ne paye jamais trop cher un bon semeur : combien de cultivateurs se contenteraient d'avoir comme bénéfice annuel, la perte que leur occasionne un semeur négligent! Il ne faut jamais presser le semeur, moins encore lorsque ce travail pénible dure une grande partie des jours.

Pour être bon semeur, il faut trois choses principales : de l'activité, de l'attention, de l'amour-propre.

L'activité se reconnaît à une marche franche et aux mouvements réguliers et énergiques du bras qui lance la graine avec force et la répand également sur le sillon.

L'attention se révèle par le soin qu'apporte le semeur à toujours regarder comment se dirige la graine échappée de sa main.

L'amour-propre consiste dans la préoccupation qu'il doit avoir que les graines répandues par lui laissent sur le sol, après leur germination, aux yeux de tous les passants, la preuve en quelque sorte écrite de la régularité de son travail.

HERSAGE DES CÉRÉALES D'AUTOMNE.

Dans quelques localités on donne en mars un hersage énergique aux blés : dans le département de la Meuse, cela se pratique particulièrement et toujours avec succès. Pour l'efficacité de l'opération, il est nécessaire que la terre soit assez meuble pour que les dents de la herse remuent suffisamment la surface du sol : cela devient alors une espèce de binage qui facilite la végétation.

CULTURE.

En culture il est une règle générale pour les saisons d'été et de printemps : c'est qu'on ne doit jamais toucher à la terre avant qu'elle ne soit ressuyée. Dans les terrains argileux et dans les terres blanches, labourer ou herser quand le sol est encore frais, c'est s'exposer, surtout quand la pluie menace encore, à compromettre les récoltes à venir. Et, en effet, l'eau dont le sol est imbibé le rend compact et la première sécheresse le durcit au point qu'il est très-difficile ensuite de l'ameublir. Les rayons du soleil ne le pénètrent plus qu'imparfaitement. Il est donc vrai de dire qu'en agriculture, s'il y a certains moments précieux où l'on doit redoubler d'activité, il y en a d'autres où il convient cependant mieux de laisser au repos les hommes et les chevaux plutôt que de leur faire faire des travaux compromettants.

Dans les terrains sablonneux les mêmes inconvénients ne se rencontrent pas. Leur culture par un temps pluvieux est moins nuisible aux récoltes ; il s'en présente même de si mouvants qu'une pluie survenant après le hersage raffermit heureusement le sol.

ÉCOULEMENT DES EAUX.

Il est utile, au printemps comme en automne, de ne pas quitter les champs après leur ensemencement sans s'être assuré que les rigoles qui serviront à l'écoulement des eaux soient bien ouvertes.

PIOCHAGE.

On donne aux colzas le piochage de printemps. Cette opération a le double avantage de favoriser le développement de cette plante et de maintenir le terrain dans un état de propreté favorable même à la récolte suivante.

HERSAGE DES FÉVEROLLES.

Quand les féverolles sont levées depuis quelques jours, il est bon de leur donner un hersage pour ameublir la terre et arracher tout ou partie des mauvaises herbes en germination. Le premier piochage en devient plus facile.

ARROSAGE DES PRÉS.

Quand on arrose les prés en mars, il faut prendre garde à la durée de l'arrosement : trois jours au plus sont suffisants. On peut, il est vrai, répéter cette opération, mais à la condition que le sol aura eu le temps de se bien ressuyer d'un arrosage à l'autre. S'il arrivait qu'une gelée s'annonçât pendant que l'eau coule encore dans les prairies, il est fort essentiel de la détourner assez tôt dans la journée, pour permettre au terrain de se dessécher convenablement avant la soirée.

CHEVAUX.

Attelages. — Quelque soit l'urgence des travaux de ce mois, le cultivateur ne doit jamais tenir ses chevaux attelés plus de neuf heures par jour, quatre heures et demie le matin et autant le soir. Dépasser ce temps, c'est vouloir fatiguer les chevaux, s'exposer à les voir bientôt ralentir le pas et perdre en lenteur plus de temps qu'on ne croit en gagner à un travail prolongé.

Soins à leur donner. — A cette époque, les terres sont toujours plus ou moins fraîches ainsi que les chemins ; la plupart du temps, les chevaux rentrent avec de la boue aux jambes : chez quelques cultivateurs soigneux on les fait passer à l'eau jusqu'au genou et s'il n'y pas d'eau on les bouchonne, quand la boue est sèche, avant le pansage qui s'exécute entre les heures de travail. Les mêmes précautions se répètent le soir. Pour la nuit on leur fait une bonne litière sur laquelle ils se reposent commodément. Ces différents soins délassent les chevaux et entretiennent la vigueur si nécessaire en ce moment.

Il serait à désirer qu'on suivît partout ce bon exemple : ce serait une compensation aux fatigues de ces animaux si utiles à la culture. Quand on est forcé d'atteler plus d'une fois par jour les juments qui allaitent, il est indispensable d'augmenter leur ration d'avoine afin qu'elles ne dépérissent pas. Il est d'usage, au retour du travail, pour éviter la diarrhée chez le poulain, de passer de l'eau fraîche sur les mamelles de la mère avant qu'il ne tette. Des domestiques inexpérimentés jettent souvent abondamment sur cette place si sensible l'eau froide, si même ils n'ont pas fait en rentrant, pour plus de commodité pour eux, passer la jument toute suante dans un ruisseau ou une mare ; ces façons d'agir peuvent devenir pernicieuses. On ne doit rafraîchir la mamelle des juments qu'en la bassinant avec une éponge imbibée d'eau fraîche, ou bien en portant à la mamelle l'eau dans le creux de la main, ce qui est encore plus simple.

C'est en mars qu'a lieu ordinairement la monte des juments.

Il est essentiel de bien apprécier les qualités et les défauts des poulinières avant de fixer son choix sur l'étalon auquel on veut les présenter ; la légèreté qu'on apporte, en général, à cet examen est souvent cause des défectuosités de notre production chevaline. Plus les poulinières irréprochables sont rares, plus on doit, pour atteindre son but, rechercher dans les formes et les qualités de l'étalon les moyens de corriger la race.

Les principales qualités d'une belle poulinière sont : une taille au-dessus de la moyenne, un corps étoffé, des membres solides, le dos bien droit, la croupe horizontale, un garrot saillant, la poitrine large, une tête légère, de beaux et bons yeux. Avec une poulinière ainsi conformée on obtiendra des produits à-peu-près propres à tous les usages. Ils seront plus caractérisés, selon que l'étalon choisi possédera lui-même les qualités indispensables aux chevaux de selle, de carosse ou de trait. Si l'on n'a point de poulinières convenables, on ne doit jamais admettre que celles qui réunissent en partie, au moins, les qualités sus-énoncées, car mieux vaut acheter un cheval à sa convenance que d'en élever un qui coûtera tout autant et qui ne pourra cependant pas remplir le même but.

RACE BOVINE.

On continue à faire prendre l'air aux jeunes bêtes de différents âges.

Quoique le moment le plus convenable pour choisir des élèves parmi les veaux soit avril et mai, on peut cependant, quand on a des sujets convenables, commencer en mars.

RACE OVINE.

Les moutons trouvent déjà à brouter sans que les herbes puissent encore suffire à leur entretien. Les brebis qui allaitent surtout doivent recevoir à l'étable une demie-ration de foin et de racines. La bonne paille de blé suffit aux moutons de nourriture si le temps leur permet de rester le jour en pâture.

Les jeunes agneaux de février cherchent déjà à manger. En l'absence des mères on doit leur donner le foin le plus fin que l'on possède. On ajoute dans de petites mangeoires des grains mélangés de farineux : l'avoine et le seigle sont ce qui convient le mieux. Comme les agneaux ne consomment jamais le tout, les mères à leur retour font du reste leur profit personnel et par suite celui des agneaux.

Dans aucun cas, la bonne nourriture n'offre plus de chances de bénéfices.

Lorsque pendant l'hiver on est parvenu à arrêter par des soins la cachexie dont un troupeau était atteint, il ne faut pas en conclure que tout danger soit passé et que la santé des bêtes soit certaine. La force des premières herbes purge énergiquement les moutons, et beaucoup d'entr'eux n'étant pas en état de supporter cette nourriture finissent par succomber. En pareille circonstance, il est indispensable de donner, à l'écurie, aux moutons, du foin le matin, et le soir de la paille, et cela quand bien même ils trouveraient au-dehors une nourriture complète. Cette précaution a pour but de les empêcher de prendre aux champs leurs repas complets et de les amener graduellement au changement de nourriture. Le danger se passe avec le mois ; l'on reconnaît aisément qu'il n'y a plus rien à craindre à l'inspection des yeux et de la peau. Le mouton fortifié, revenu complétement à la santé, a l'œil d'un rouge plus vif et la peau plus rose. Il prospérera bien alors dans le courant de l'été, mais il sera toujours prudent de se défaire en automne d'un troupeau ainsi rétabli pour échapper de nouveau aux risques de l'hiver.

AVRIL.

LUZERNE.

De toutes les plantes susceptibles de former des prairies artificielles, si la luzerne est la plus productive, elle est aussi la plus exigente. Pour durer plusieurs années, elle a besoin d'un sol profond sans humidité. Dans les terrains un peu humides, on contribue à sa réussite et on prolonge sa conservation en pratiquant avec une bêche, au fond de chaque raie d'écoulement, une rigole d'environ 25 centimètres de profondeur. Ce moyen assainit la surface du sol.

Elle réussit bien dans un terrain sablonneux. On trouve des racines qui, après avoir pénétré à travers toute la couche de terre végétale, s'enfoncent dans un sous-sol de pur gravier, à une profondeur totale de $1^m,30$. Dans des sols recouverts d'une couche peu épaisse de terre végétale, comme la plupart de ceux de l'arrondissement de Briey, on peut encore cultiver avantageusement la luzerne, parce que le sous-sol, étant pierreux et terreux, laisse les racines s'enfoncer facilement. Mais il ne faut pas que ces espèces de graviers soient mélangés de glaise, car à sa troisième année, époque à laquelle elle parvient seulement à être en plein rapport, la luzerne périrait infailliblement. Les frais d'établissement d'une luzernière sont assez considérables pour qu'on évite sa culture dans tout terrain où elle ne pourra pas durer au moins six années.

Le terrain où l'on veut cultiver la luzerne doit être profondément labouré, exempt de mauvaises herbes et fortement amendé. Le meilleur moyen de le préparer est d'y planter une année d'avance, après une bonne fumure, des pommes de terre ou des racines : les piochages divers du cours de l'année détruisent le chiendent, les mauvaises herbes et toutes celles que produit l'emploi immédiat du fumier. A l'automne, on donne un labour profond : on le renouvelle au printemps, puis on sème quand on est sûr du complet ameublissement de la terre.

On sème la luzerne avec de l'orge ou de l'avoine, à raison de 24 kilogrammes par hectare. On sème d'abord l'orge ou l'avoine, on ne répand la semence de luzerne qu'après deux hersages successifs : on en fait un troisième sur l'ensemencement, puis on passe le rouleau. Lorsque la jeune plante est débarrassée des céréales, il est essentiel de la ménager et de la préserver de la dent des bestiaux et des empreintes de leurs pieds, surtout pendant les fraîcheurs de l'automne.

A la seconde année, on donne, au printemps, un hersage énergique pour continuer ainsi tous les ans à la même époque.

On ne répand du plâtre sur la luzerne que chaque deux ans : en répandre chaque année c'est s'exposer à abréger sa durée.

Certains auteurs prétendent que cette plante ne doit revenir sur le même terrain que tous les vingt ans : sans partager entièrement leur opinion, je crois que l'on fait prudemment d'attendre dix à douze ans avant de la rendre à un sol qui l'a déjà portée. De 1818 à 1853, j'ai eu un terrain où j'ai cultivé trois fois de la luzerne. La première fois elle a duré dix ans. Après sept à huit ans de repos, un nouvel ensemencement a été pratiqué et la luzerne n'a duré que six ans. Sept à huit ans encore après, un dernier essai ne m'a donné que pendant quatre ans, et déjà, dès la seconde année, elle commençait à dépérir.

Lorsque la luzerne forme la base principale des plantes fourragères d'une ferme, on doit faire chaque année un ensemencement, si l'on ne veut pas souvent être pris au dépourvu ; car un hiver rigoureux ou trop humide détruit souvent en partie les luzernières, et si l'on n'est pas en mesure de supporter ces désastres qui viennent vous surprendre, le vide ne se trouve quelquefois comblé qu'après plusieurs années.

SAINFOIN.

C'est en avril qu'on sème le sainfoin. Pour lui donner un terrain approprié, il est bon, comme pour la luzerne, non-seulement d'examiner la couche supérieure du sol, mais bien encore la couche inférieure : cette dernière doit être calcaire ou graveleuse. On voit dans l'arrondissement de Briey des terrains n'avoir que quelques centimètres de terre végétale et donner néanmoins du sainfoin superbe. Cela tient uniquement au sous-sol qui permet aux racines pivotantes du sainfoin de s'insinuer à travers les pierrailles : elles trouvent dans leurs interstices sans doute des substances favorables à leur nutrition. Dans ces sortes de terrains aucune plante n'est aussi productive que le sainfoin ; car, sans parler du sainfoin à deux coupes, il y a toujours après la coupe ordinaire, des rejets qui, selon le plus ou moins d'opportunité du temps, fournissent un pâturage plus ou moins abondant et toujours précieux en été.

Le sainfoin a hâté le progrès de l'agriculture dans l'arrondissement de Briey. Si les cultivateurs de cette contrée voulaient cultiver cette plante plus en grand, remplacer l'assolement triennal par l'assolement quinquennal et augmenter ainsi le nombre de leurs têtes de bétail par hectare, ils arriveraient certainement à une des plus belles productions du département en bestiaux et en grains.

Les terres sablonneuses ou caillouteuses conviennent peu au sainfoin. La récolte y demeure médiocre.

La graine du sainfoin est la plus grosse des semences des plantes fourragères. Quatre à cinq hectolitres sont nécessaires par hectare, selon l'ameublissement de la terre.

On sème le sainfoin dans les champs d'orge ou d'avoine après avoir donné deux traits de herse aux céréales. Quand la semence de sainfoin est répandue, on repasse de nouveau deux fois avec de bonnes herses en fer, afin de s'assurer que toute l'étendue du sol a été également remuée et que la graine est enfouie profondément.

Il est important pour le cultivateur qu'il fasse lui-même la récolte de cette semence : il faut un soin tout particulier pour en éviter l'égrenage toujours si facile. Si l'on n'en peut faire la récolte soi-même, il ne faut acheter que des graines de l'année précédente. La semence qui date de plus loin, malgré la plus belle apparence, ne lève souvent pas.

Le hersage de mars donné au sainfoin lorsqu'il est en vigueur est aussi utile qu'à la luzerne. Sa durée est également à-peu-près la même que celle de la luzerne.

SEMIS DE PRÉS.

On sème en mars, mélangées avec de l'avoine, les graines de plantes herbacées destinées à former des prairies : on ne sème qu'en avril celles qu'on mêle à l'orge, et qu'en mai seulement celles qu'on répand seules.

Les prairies ainsi créées devront demeurer permanentes ou n'être seulement que temporaires, si même la mauvaise qualité du terrain ne les réduit à une simple situation de pâturage.

Pour créer un pré permanent, il faut choisir un terrain bas et humide, le purger des mauvaises herbes, le fumer convenablement, l'aplanir avec soin, et apporter à son ensemencement tous les soins prescrits pour celui d'une luzernière.

Les prairies temporaires sont nécessairement classées dans un assolement et ne doivent rester en pré que trois ou quatre ans, à moins de récoltes abondantes. Les terrains ainsi employés sont cultivés avec autant de soin que les précédents ; on ne les nivelle cependant pas : à côté des récoltes en foin, le cultivateur a l'espoir d'être largement indemnisé de ses frais par les récoltes qui suivront le défrichement. Les terrains qui ne sont ni cultivés ni amendés ne donnent ordinairement que des pâturages.

Les ensemencements d'herbages comme pâture sont utiles dans les contrées peu fertiles où le sol ne fournit que de chétives récoltes : on diminue ainsi les frais de culture, on augmente le nombre de bestiaux et la quantité d'engrais, et les récoltes s'améliorent bientôt sur les parties en culture.

Les céréales mêlées à ces herbes devront être semées un peu plus claires que d'habitude, afin qu'elles n'étouffent pas plus la jeune herbe que le sainfoin et la luzerne. Après la coupe en vert des céréales, la jeune herbe exposée à l'air prend de la force et finit par fournir une bonne pâture d'automne, et l'année suivante, à la fenaison, le foin y est abondant.

Les espèces d'herbes qu'on doit surtout rechercher sont indiquées par la nature du terrain. Par économie on peut, pour moitié, comprendre dans la semence celle que l'on a pu réunir sur les greniers et y ajouter un peu de graines de trèfle blanc. Soixante kilogrammes de semence sont nécessaires par hectare.

PLATRE.

On plâtre les prairies artificielles au commencement d'avril, et un peu plus tard les vesces et les pois.

Les pâturages de trèfle blanc et autres du même genre ne doivent pas être plâtrés au printemps à cause des bestiaux ; après que la pâture y est épuisée, quand on fume le terrain, le plâtre répandu sur le vieux trèfle recouvert d'un peu de fumier produit un très-bon effet, même sur les récoltes suivantes.

On emploie deux hectolitres et demi de plâtre par hectare.

VESCES.

On devra encore semer des vesces afin de se préparer du fourrage pour différentes époques.

CAROTTES.

Quoique l'on sème quelquefois les carottes en mars, il est souvent plus avantageux de ne les semer qu'en avril : la terre alors est plus ressuyée et plus réchauffée. La végétation de la plante en devient plus active.

La carotte fourragère donne beaucoup. Dans les terres un peu fortes, elle a l'inconvénient de s'enfoncer profondément, à cinquante ou soixante centimètres, et l'arrachement en est difficile ; dans les terres sablonneuses et profondes, on évite cet inconvénient.

On cultive une variété de carotte rouge à collet vert préférée par les chevaux. Elle se conserve moins bien que la blanche également à collet vert. Elle se casse du reste tout autant.

La carotte demi-longue blanche des Vosges ou la demi-longue jaune de Saalfeld convient dans les terrains peu profonds et compactes.

Quelque soit la nature du terrain, il faut qu'il soit bien amendé si l'on veut obtenir une large compensation des frais considérables qu'exige la culture de cette plante.

Dans les différents labours préparatoires, il est nécessaire que le premier et le second soient faits très-profondément pour donner à la racine la facilité de s'enfoncer dans le sol. Au moment de l'ensemencement, la terre doit être très-bien ameublie, surtout à la surface ; il faudra donc surtout éviter qu'après le labour d'hiver les eaux ne séjournent dans les terres destinées à la production de la carotte. On ne labourera au printemps que par une petite gelée ou un temps sec, quand le sol est complétement ressuyé. On attend alors une petite pluie, puis on herse par un beau jour. La terre s'ameublit convenablement ; on sème après un troisième labour ou après avoir seulement passé le scarificateur ou de bonnes herses, quand le moment opportun se présente. Dans des terrains dont le fond sèche avec peine, je me suis souvent bien trouvé d'un ensemencement fait sur la culture d'hiver, remuée simplement avec le scarificateur. Les vents de cette époque, dans ces sortes de terrains pourraient, après un dernier labour, durcir la terre et empêcher la graine de lever ou la plante de se développer, on conçoit que dans ce cas il soit préférable de semer sur la vieille culture qui conserve la fraîcheur au fond, sans que le bénéfice des rayons du soleil à la surface soit compromis.

BETTERAVES.

C'est en avril et au commencement de mai qu'on sème les betteraves. On fait bien de les semer en ligne, le binage en est plus facile, l'espace entre chaque plante est facultatif et le terrain est mieux garni.

Beaucoup de cultivateurs ont l'habitude de donner à façon le binage et l'arrachement des betteraves au prix de 4 fr. 50 c. les mille kilogrammes : c'est une manière d'intéresser les ouvriers à bien faire ces différents travaux.

Presque tous les terrains qui ont du fond conviennent à la betterave : on doit cependant en excepter ceux qui sont plus

particuliérement propres à la féverolle comme étant trop compactes et trop frais. On prend les mêmes soins pour la préparation de la terre que pour celle destinée à l'ensemencement des
carottes. Quand la betterave est semée trop tôt ou par un mauvais
temps et que la pluie bat le sol, on doit craindre qu'il ne se
forme une croûte qui retarde la germination et la végétation ;
des insectes rongent facilement alors la jeune plante à sa sortie
de terre. Il faut quelquefois avoir recours à un nouvel ensemencement souvent trop tardif pour la bonté de la récolte. Pour
faciliter la germination de la graine, il est convenable de la faire
tremper pendant vingt-quatre heures dans de l'eau de fumier ;
avant de s'en servir il faut qu'elle en ait été retirée quelques
heures à l'avance pour qu'elle soit ressuyée. L'écorce dure qui enveloppe le germe ainsi mouillée s'amollit et la plante prend plus
vite son développement.

On emploie six kilogrammes de semence par hectare dans les
terres légéres, en augmentant jusqu'à huit kilogrammes dans
les terres fortes. La graine doit être enfouie plus profondément
que les autres petites graines fourragères.

La culture de la betterave offre de grandes ressources : ceux
qui, à sa culture, ajoutent des semis d'herbages, doubleront le
nombre de leur bétail aiusi que la quantité de leur fumier. C'est
la base du progrès en agriculture. La culture de la betterave
tend au reste à s'agrandir : les distillateurs les recherchent ; elle
est d'un bon produit. Celui qui veut la cultiver dans une grande
proportion ne doit pas oublier qu'à l'époque des semailles d'automne ses attelages auront bien de l'occupation avec le transport
de la récolte. Et comme tout dans une économie bien dirigée
doit être combiné de façon que rien ne périclite, il devra régler
son travail avec prudence, car l'ensemencement de ses blés ne
doit pas être retardé. Après les betteraves il faut souvent encore
fumer le terrain avant d'y mettre du froment ; il est donc, je le
répéte, très-important de bien peser toutes les conséquences de
cette culture avant de l'entreprendre sur une vaste échelle.

ORGE.

Avril est le mois le plus favorable pour semer l'orge. On en sème dès les premiers jours et jusqu'aux derniers ; du 10 au 20 c'est le meilleur moment.

L'orge exige un sol riche et s'accommode bien d'un terrain léger ; elle vient encore dans une terre un peu argileuse labourée avant l'hiver et binée profondément au printemps. Selon l'état du terrain, on peut parfois se contenter d'y passer le scarificateur. Le grain doit être bien recouvert de terre.

Dans des terrains de moyenne consistance, on donne souvent plusieurs cultures, mais il faut bien éviter le labour par un temps frais. La terre remuée fraîche se durcit aux vents du printemps, et si la pluie vient la battre encore après cela, elle se durcit toujours davantage. Il est alors difficile de l'ameublir ; on aurait mieux fait de s'en tenir à une seule culture.

L'orge ne se plait nulle part aussi bien que dans une terre assez ameublie pour que la dent de la herse s'y enfonce complétement ; elle aime à être semée dans la poussière.

Il faut deux hectolitres et demi de semence par hectare dans un terrain convenablement ameubli.

POMMES DE TERRE.

On plante en avril les pommes de terre. Cette culture est si répandue qu'il serait superflu de s'y arrêter.

LIN ET CHANVRE.

On sème le lin, et dans certaines contrées on sème déjà du chanvre avant la fin du mois. Ces deux plantes demandent un sol riche et de fortes fumures. Le chanvre peut se cultiver plusieurs années de suite dans la même pièce ; il ne faut pas attendre une mauvaise récolte pour le changer de place.

PIOCHAGES.

On pioche une fois en avril les pavots et deux fois les féverolles.

Dans certaines localités on donne un hersage aux avoines, aux orges et même aux blés, quand cela n'a pas été fait en mars.

IRRIGATIONS.

Les irrigations se pratiqent encore en ce mois ; deux ou trois jours sont suffisants ; à la fin du mois, une nuit suffit.

On étend les taupinières faites depuis mars avant que les herbes soient poussées.

SILOS.

Il faut visiter les silos de betteraves ; la saison où elles commencent à se gâter est arrivée : il est même rare qu'on puisse en conserver au-delà de la fin du mois.

MOUTONS.

Le mois d'avril n'est pas plus facile que le mois de mars pour la nourriture des moutons ; ils ne trouvent plus à se nourrir complétement sur les jachéres que le labour retourne tous les jours, et les autres herbages ne fournissent pas encore suffisamment. Le cultivateur prévoyant a du conserver du fourrage et des racines pour les méres d'agneaux : les moutons peuvent se contenter de bonne paille de froment.

VEAUX.

On élève des veaux de nourriture.

CULTURE.

C'est en ce moment qu'on donne aux jachéres la première culture ; les anciens disaient *verse d'avril et remue en juin.*

Leur exemple est bon à suivre. Il y a des terrains argileux et même certaines sortes de terres blanches où les labours tardifs sont meilleurs que s'ils étaient plus printaniers ; il est bon de reculer leur culture jusqu'à la fin du mois. Beaucoup de personnes croient qu'il faut abandonner complétement la jachère : oui, pour des terres sablonneuses de bonne qualité, quand on peut les fumer suffisamment ; non dans les terres fortes ou de médiocre qualité. La jachère que l'on devrait abandonner dans toute espèce de terrain est la jachère triennale ; car des terrains bien nettoyés par une jachère peuvent se conserver plus de deux ans. L'assolement quinquennal, que je considère comme le plus propre à toutes les sortes de terrains de la Moselle, offre cet avantage de ne ramener la jachère que tous les cinq ans, ce qui produit quatre récoltes pour une jachère au lieu de deux ; et dans les terrains au-dessus du médiocre on peut intervertir le sol jachère, c'est-à-dire que la moitié du sol fait jachère tandis que l'autre moitié porte des légumes ; à la révolution des cinq années, cette même partie qui portait des légumes devient jachère, tandis que la jachère d'il y a cinq ans est plantée à son tour en légumes. Par cette méthode, la jachère ne revient sur le même sol que tous les dix ans.

Quand on laboure la jachère sans fumier, le premier labour doit être le plus profond.

Il est souvent difficile de détruire le chiendent qui infeste un champ, même avec la jachère. Il y a des terrains sablonneux qui s'ameublissent tellement qu'il est impossible d'en extraire les dernières racines, car plus les cultures sont favorables à la terre, plus cette mauvaise herbe repousse rapidement. Dans une terre compacte, qui s'est encore durcie à la suite de pluies de printemps une culture donnée à la terre, fraîche encore, permet de plus atteindre le chiendent que dans la terre dont il vient d'être parlé : cette plante se trouve elle-même tellement serrée qu'elle reprend difficilement. Le hersage ne doit, dans cette circonstance, être donné que par un beau temps après la seconde culture.

C'est en général seulement après la troisième culture que l'on cherche à ameublir la terre par des hersages énergiques au moyen d'instruments armés de dents en fer qui amènent à la surface le chiendent moitié sec. Ainsi préparée, la terre attend la dernière culture qui précédera l'ensemencement. On ne doit fumer qu'à cette époque ou avant la troisième culture ; le fumier employé plutôt favoriserait la végétation du chiendent et augmenterait les difficultés de sa destruction.

CHANGEMENTS DE FERME.

C'est au mois d'avril que finissent les baux de fermes dans la Moselle ainsi que dans les départements voisins. Quoique les changements de ferme soient quelquefois indispensables, il serait cependant plus avantageux pour le cultivateur et pour le propriétaire qu'il en soit autrement.

Les baux à long terme et l'entente entre le propriétaire et le fermier seraient favorables au progrès de l'agriculture.

Quand un propriétaire est trop minutieux, qu'il tracasse le fermier pour des riens, celui-ci ne tarde pas à se dégoûter d'un travail où il ne rencontre qu'ennui et mécompte : l'idée de sortir à la fin de son bail le préoccupe ; il ne pense bientôt plus à autre chose ; toute amélioration est suspendue, le temps se perd et la propriété est loin de prospérer. Les résultats sont les mêmes quand l'initiative du désaccord est du côté du cultivateur ; c'est alors le propriétaire qui oppose à toute amélioration toute espèce de concours ; il attend, pour réaliser ses projets d'amélioration, qu'un nouveau fermier l'y encourage par de bonnes relations.

Tels sont les effets du défaut complet d'union ; pour qu'elle existe véritablement, il faut qu'il y ait corrélation d'efforts entre le propriétaire et le fermier. Ainsi, il ne suffit pas qu'un propriétaire, par exemple, fasse construire dans la ferme des bâtiments d'exploitation où les granges et les écuries sont irréprochables, si le fermier de son côté n'apporte pas tous ses soins à pousser sa culture au point de garnir ses vastes granges de récoltes abondantes, s'il ne parvient pas à meubler convenablement ses magnifiques écuries. Il en serait de même si le fermier, par l'habileté de son travail, avait besoin de réparations capitales à ses bâtiments et que le propriétaire, reculant devant la dépense d'un certain capital, préférât céder comme compensation aux difficultés de culture, quelque chose sur le prix du bail. C'est une entrave réelle au progrès.

Si, comme ancien fermier, je puis dire combien il est avantageux d'être toujours en bonne union avec le propriétaire, comme propriétaire aujourd'hui j'affirme qu'il n'est pas moins heureux d'être en bonnes relations avec le fermier.

Si, dans l'état de cultivateur, on trouve peu de savants, on y rencontre cependant d'honnêtes gens chez qui le bon sens naturel ne manque pas : celui qui, à quelque intelligence, unit le goût de son métier, mérite bien la considération de son propriétaire ; tout en faisant ses propres affaires ne fait-il pas celles de la famille, et ne doit-il pas dès-lors en devenir l'ami ? Des égards réciproques et des services échangés entretiennent cette union dont je voudrais avoir constaté la nécessité.

Si les baux à long terme ont cet avantage que leur durée même, par la sécurité de jouissance qu'elle laisse au fermier, encourage ce dernier à tenter des améliorations dont il aura le profit, le fermier qui n'a qu'un bail de neuf années ne doit pas en conclure qu'il n'a rien à essayer : ce serait de sa part une fausse manière de voir. Il y a toujours avantage, pour celui qui le fait, à bien fumer et bien cultiver même jusqu'à la dernière année du bail. Les améliorations dont il est ici question sont celles dont la réalisation exige un nombre d'années assez considérable : le fermier que la durée de son bail rend impuissant a, par là, du reste, une arme pour se défendre contre toute augmentation au renouvellement de location. Dans ces circonstances, beaucoup de propriétaires sont assez consciencieux pour abandonner aux fermiers une part raisonnable dans les bénéfices amenés par lui dans la ferme. Ceux qui n'agissent point ainsi et qui cherchent à profiter d'une fin de bail pour élever immédiatement le prix en raison de la plus value du fonds, obtenue par la seule industrie du fermier, sont aussi blâmables que le cultivateur qui recule devant toute amélioration dans la crainte qu'elle ne fasse le profit du propriétaire. Il y a, du reste, une chose que, de part et d'autre, il ne faut pas perdre de vue, c'est que du temps et beaucoup de temps est nécessaire pour mettre une ferme en état, et quand on y est parvenu et que par une cause ou par une autre on néglige l'entretien, il n'en faut plus alors qu'un très-court pour ramener cette ferme au point de départ.

Lorsqu'il s'agit de prendre un nouveau fermier, quelques propriétaires ne se préoccupant que du prix de location donnent toujours la préférence aux offres les plus élevées ; d'autres préfèrent un prix moindre dont la certitude repose sur une solvabilité évidente ; d'autres encore aiment surtout à trouver dans le fermier, intelligence, capacité et moralité, persuadés qu'ils sont que de telles qualités sont des cautions qui valent toutes les autres. Et ces derniers, selon moi, ne se trompent point, car le travail d'un pareil homme amène non-seulement au logis des récoltes qui payeront le fermage, mais laissent encore aux champs une situation d'entretien qui les améliore.

Il arrive quelquefois qu'un fermier qui travaille avec succès s'exalte dans ses espérances et croit qu'il lui suffira de voir la ferme qu'il cultive s'agrandir pour se voir par contre s'agrandir en quelque sorte lui-même. Mais tel qui réussit très-bien dans une culture circonscrite, n'est-il pas insuffisant pour la direction d'une plus vaste économie. Je sais très-bien tout ce que l'idée d'une grande ferme a d'attrayant, mais à s'en rapporter à cette parole d'un agronome célèbre : *Admirez, si vous voulez, une grande ferme et n'en cultivez qu'une petite,* il ne faudrait pas au moins se laisser entraîner à de telles entreprises sans mûres réflexions. Je ne veux pourtant pas dire par là qu'il soit plus avantageux de cultiver une petite ferme qu'une plus étendue, croyez-le bien, mon but est seulement d'indiquer que bien soigner une petite ferme vaut toujours mieux que de se hasarder sans certitude dans des entreprises facilement téméraires.

Le fermier qui cultive cinquante à soixante hectares n'a besoin que de six personnes à gages, quinze ou seize chevaux et poulains et sept ou huit bêtes à cornes, et ces dernières sont souvent même sous la surveillance immédiate de la fermière. Un pareil train de culture n'exige pas grand calcul, surtout avec l'assolement triennal ; le fermier suit facilement tous ses travailleurs, il travaille avec eux.

La culture d'une ferme au-dessus de cent hectares présente de grandes différences. Le personnel est plus nombreux et chacun sait les difficultés qu'on rencontre aujourd'hui à diriger des serviteurs nombreux. On a plus de chevaux à surveiller : si on fait des élèves, des connaissances spéciales sont nécessaires ; si on achète des chevaux, il faut, comme on le dit, s'y connaître, à moins qu'on ne veuille retourner souvent chez le marchand. La vacherie devra s'augmenter : la fermière ne peut plus s'en occuper toute seule ; la quantité de la nourriture à fournir pendant toute une année est du ressort du fermier. La ménagère trouve dans la tenue de sa maison toute seule de quoi absorber tous les instants. Le cultivateur devra acquérir les connaissances spéciales que réclame chacune des sources du produit du bétail, élèves, vaches laitières, bêtes de boucherie, que de soins généraux et particuliers. Ajoutez à cela, comme c'est l'ordinaire, les difficultés inhérentes à la possession d'un troupeau de moutons. Si l'homme qui a du savoir et de la pratique peut réaliser des bénéfices sur chacune de ces espèces d'animaux, combien ne voit-on pas essuyer de pertes par ceux qui sont obligés de compter sur le temps ou sur des conseils pour tenir lieu des connaissances qu'ils n'ont pas ; combien les leçons de l'expérience se payent cher !

Mais ce n'est pas tout, les cultures sont considérables, il y a des travaux qu'il est très-important de faire à un moment plutôt qu'à un autre ; pour trouver le temps opportun en toutes choses, il faut être le maître de son ouvrage et pouvoir, à l'avance, disposer son travail sans jamais se tromper dans les combinaisons.

Il en est des femmes comme des hommes. Plus la ferme a d'étendue, plus le ménage devient lourd, et plus celle qui en a la surveillance doit être active, alerte, industrieuse : c'est elle qui préside à la fabrication du pain, à la laiterie, à la basse-cour, qui s'occupe des provisions de l'année, supplée le fermier pendant ses absences en continuant la surveillance. Que de dépenses peuvent entraîner, dans un ménage aussi considérable, des femmes qui n'ont point appris de longue main à être économes ; que de désordres et que de gaspillages, inaperçus d'abord, se révèlent au bout de l'an par des déficits énormes. Le fermier doit surtout pouvoir compter sur sa ménagère quand il veut faire une grande entreprise.

Toutes ces difficultés réunies font donc bien ressortir cette vérité, que le succès dans une petite économie ne garantit pas absolument le succès dans une plus vaste agriculture.

Que les fermiers conservent les conditions qui sont faites, que les propriétaires soient équitables, que les uns et les autres s'entr'aident pour mieux faire, que chacun écarte l'ambition et bientôt ces bonnes volontés convergeant au même but ne tarderont pas à assurer de plus en plus dans notre contrée les progrès de l'agriculture, ce premier des arts de la paix.

MAI.

MILLET.

On cultivait, il y a quelques années, le millet sur une assez grande échelle dans les environs de Metz : depuis on en a restreint la culture pour la remplacer par celle du colza et de la betterave. Les petits propriétaires ou les manœuvres qui possèdent quelques sillons s'occupent seuls aujourd'hui de cette plante. Ils font labourer leurs champs par les cultivateurs et font eux-mêmes le reste du travail. Ils obtiennent 36 hectolitres environ de graines par hectare au prix de 10 à 12 francs.

C'est en mai qu'on sème le millet. Un terrain sablonneux non épuisé est celui qui lui convient le mieux. On doit lui donner trois labours : le premier avant l'hiver, le second en avril ; avant le troisième, il faut nettoyer le sol de toutes mauvaises herbes, extirper le chiendent, briser les mottes et disposer la terre au plus complet ameublissement. Après ce travail, on procède au troisième labour, immédiatement avant l'ensemencement. On emploie six à sept litres de semence par hectare : on passe le rouleau quelques heures après le hersage. La plante reçoit trois piochages dans le courant de juin.

VESCES.

Lorsqu'on s'aperçoit que l'année ne sera pas abondante en fourrages, on peut encore semer des vesces afin d'avoir aussi longtemps que possible du fourrage vert pour ménager le sec.

POMMES DE TERRE (*binage*). — TRAVAUX DIVERS.

Les pommes de terre lèvent ordinairement au commencement de mai ; un hersage appliqué convenablement leur fait beaucoup de bien, non-seulement parce qu'il remue la terre et l'ameublit, mais surtout parce qu'il détruit les germes d'une bonne partie des mauvaises herbes.

Le binage qui vient après n'en est que plus facile et plus profitable.

On bine également les betteraves et les carottes.

On échardonne les blés.

LABOUR.

On cultive peu en mai ; les jachères demeurent en repos. Quelques personnes pensent que la terre a aussi sa sève et qu'il ne convient pas de la remuer en ce moment. Sans rechercher ce qu'il y a de vrai dans cette opinion, je crois qu'il vaut mieux conduire les fumiers disponibles à la fin de mai et ne donner seulement qu'alors ou dans les premiers jours de juin le second labour.

C'est en mai que les travaux agricoles sont le moins pressants : le battage des grains est fini et les semailles du printemps terminées. C'est le moment où se font les prestations en nature, les charrois et tous transports nécessaires aux améliorations.

DRAINAGE.

On peut très-bien procéder en mai au drainage des jachères ; les ouvriers ne manquent pas, les jours sont longs et la température déjà élevée de la saison aide au desséchement des rigoles et rend plus facile la pose des tuyaux.

CHEVAUX AU VERT.

C'est dans le courant de mai que commence la nourriture en vert. En général, c'est le trèfle qui sert de base à ce régime. Malgré les précieuses qualités de cette plante fourragère, il ne faut pas perdre de vue que l'abus qu'on en peut faire détermine parfois chez le cheval cette redoutable maladie qu'on nomme le *vertige*, et que venant inopinément comme une épidémie, elle frappe à coups redoublés, ne laissant au cultivateur que la désolation.

Dans les fermes où l'on donne aux chevaux leur nourriture par des ouvertures pratiquées au-dessus du râtelier dans le plancher des greniers, il est si facile aux domestiques d'entasser le fourrage avec la fourche ou avec le pied que le maître ne peut pas, à beaucoup près, se rendre compte de la quantité donnée. Les chevaux, dont la nourriture d'hiver s'était peut-être déjà ressentie d'une première prodigalité, affaiblis d'ailleurs par les travaux du printemps, se trouvant tout-à-coup en face d'un râtelier abondamment garni de trèfle vert, mangent avec avidité et avec excès. Or, comme ce régime dure souvent plus d'un mois pour la première coupe seulement, ils ne tardent pas à gagner de l'embonpoint, ils acquièrent une masse de sang. L'influence du trèfle est si vraie que si l'on fait passer les vaches laitières de la luzerne au trèfle vert, la quantité de lait augmente immédiatement. Il n'y a donc rien que de très-naturel dans le développement du sang chez les chevaux soumis à ce régime.

Pendant assez longtemps, pour préserver les chevaux, on leur pratiquait, quinze jours après leur mise au vert, une forte saignée ; mais cette saignée remplit-elle bien le but qu'on se propose ? Le sang ôté n'est-il pas promptement remplacé par un sang plus riche, et les chevaux, après l'opération, en demeurent-ils moins exposés aux miasmes que dégagent incessamment leurs écuries mal aérées et mal tenues ? A-t-on, au reste, toujours pour leur fourrage même les soins qu'il réclame ? Ne le laisse-t-on pas, au contraire, en tas, soit sur les voitures, soit sur les greniers ? Il s'échauffe cependant, et dans ces conditions peut facilement occasionner des indigestions fort dangereuses.

Les nombreux travaux de l'été amèneront de grandes fatigues aux chevaux ; dans leur position déjà douteuse, pour peu qu'on réclame d'eux des efforts exagérés, il est évident qu'au mois de septembre ils n'échapperont pas au vertige. Et le maître qui se sera contenté de la saignée sans avoir cherché à réformer les abus de la vie habituelle n'aura pas le droit de s'en étonner.

Quoique cette manière négligée de soigner les chevaux ne soit plus aussi générale qu'autrefois, on ne la retrouve encore que trop fréquemment.

Entraîné moi-même longtemps dans cette mauvaise voie, j'ai pratiqué la saignée comme tant d'autres, ce qui ne m'a pas empêché de voir quatre fois en dix ans le vertige se déclarer dans mes écuries, sans compter les maladies des flancs et les indigestions. J'ai perdu beaucoup de chevaux ; beaucoup sont devenus aveugles à la suite de la fluxion périodique. Frappé en quelque sorte de stupeur par tant de calamités, j'ai recherché les causes de toutes ces maladies et de cette fatale mortalité, et à force de soins et d'observations, je suis parvenu aux réformes suivantes :

1° Suppression complète de la saignée ;

2° Rafraîchissement, une fois par jour, par des farineux mélangés de sons ; un sceau d'eau pour deux chevaux ; continuer pendant quelques jours seulement et y revenir tous les dix ou douze jours ;

3° Suppression des ouvertures du plancher des greniers au-dessus des râteliers ; préparation du fourrage derrière les attelages ;

4° Donner le trèfle vert avec modération, sans que jamais les chevaux puissent en manger trop ; six rations par jour en trois repas ; une ration avant de les faire boire et une après. (Quoique les rations ne soient ni bottelées ni pesées comme pour le fourrage sec, on parvient cependant avec un peu de volonté à une distribution exacte. Donner de la paille entre les repas ; elle se trouve souvent en partie mangée, car il reste encore aux chevaux un peu d'appétit) ;

5° Nettoyer les mangeoires tous les jours, chaque fois qu'on fait boire les chevaux, aussi proprement que si l'on devait donner l'avoine ;

6° Oter le fumier tous les jours ;

7° Pratiquer des ouvertures assez grandes pour renouveler l'air et le purifier ;

8° Pavé coulé en mortier sous les chevaux afin d'empêcher l'infiltration des urines.

Tel est le système que j'ai suivi et que j'ai laissé à mon successeur avec d'autant plus de confiance que depuis 1834, époque de ma réforme, je n'ai plus aperçu le moindre symptôme de vertige ni d'aucune autre maladie sérieuse ; mes chevaux ont constamment joui d'une santé parfaite.

Il n'est pas plus difficile de suivre cette méthode que toute autre et elle est moins coûteuse ; en ce sens que par elle on ménage beaucoup de fourrage.

BÊTES A CORNES.

La transition du sec au vert exige quelques précautions pour les bêtes à cornes. Un mélange de paille ou de regain est indispensable pendant la première semaine et même aussi longtemps que le fourrage vert demeurera jeune et tendre.

Dans les premiers moments, le seigle convient très-bien, il est tendre, mais cela ne dure que pendant environ dix jours : après ce laps de temps il durcit vite et les bestiaux ne le mangent plus. La luzerne, après lui, peut également servir pendant une dizaine de jours ; vient ensuite le trèfle. Il ne faut pas attendre que cette dernière plante soit fleurie pour commencer à la donner en vert, les bestiaux la mangeraient difficilement. Plus tôt il est coupé la première fois, plus tôt il sera bon à couper la seconde fois : la précocité de la seconde coupe est d'autant plus avantageuse que les bêtes à cornes ne trouvent pas encore à se nourrir suffisamment au-dehors avec les nouvelles pousses des prairies.

Les cultivateurs qui n'ont pas de moutons et qui sèment du trèfle blanc peuvent le faire paître à leurs vaches s'ils sont sûrs que la personne qui les garde fera ponctuellement ce qui lui sera recommandé pour éviter le météorisme. En pareille circonstance, il faut avoir à proximité des champs de trèfle un pâturage quelconque et forcer les bêtes à brouter alternativement le trèfle et l'herbe, le premier pendant vingt minutes au plus et la seconde pendant une demi-heure.

On ne conduira le troupeau dans les champs de trèfle ni par les fortes rosées du matin, ni pendant les grandes chaleurs du jour. Le trèfle qui se flétrit à l'ardeur du soleil est aussi dangereux que le trèfle mouillé.

Malgré ces précautions, qui offrent déjà de sérieuses garanties, il serait peut-être mieux encore de semer avec le trèfle assez de plantes herbacées, pour que le champ présentât un mélange salubre de diverses nourritures.

On a rien de plus à craindre en donnant le trèfle au râtelier si la ration est modérée et si la plante n'a pas été fauchée au moment du jour où elle s'incline et tombe desséchée par le soleil. Le matin, jusqu'à neuf heures, et le soir, après le coucher du soleil, sont les moments les plus convenables pour couper le trèfle vert.

Il est important de ne mener les bêtes en pâture qu'une fois par jour et de leur donner le fourrage vert à l'écurie si l'on ne veut pas voir se tarir une des sources essentielles d'engrais.

VEAUX.

Elèves. — Quoiqu'on puisse élever des veaux à toutes les époques de l'année, celle par excellence est le mois de mai. Les mères donnant plus de lait, les veaux en ont davantage et plus longtemps. Ces jeunes bêtes ont ensuite la perspective de deux étés pour un seul hiver ; elles se développent mieux, dans leur jeune âge, au printemps qu'en toute autre saison, et laissent ainsi de plus belles espérances pour l'avenir.

Il y a différentes manières d'élever les veaux ; ils tettent la mère ou reçoivent à boire.

Le veau qui tette pendant cinq ou six semaines vient bien, mais au sevrage il dépérit un peu et perd ainsi un temps précieux à cet âge de la croissance et du développement.

Celui qui, après la naissance, est retiré à la mère pour ne boire jamais que dans un vase, ne saurait favoriser par la succion l'extension des vaisseaux lactifères de la mère ; cette dernière, que le sentiment maternel n'entraîne plus à abandonner son lait, le retient souvent lorsqu'on la trait ; son pis se gonfle et de là toutes sortes de désagréments. Pour concilier les deux manières et éviter les inconvénients de l'une et de l'autre, il est peut-être convenable de laisser le veau teter la mère pendant les quinze premiers jours ; ce temps suffit à la formation du pis de la vache, si je puis m'exprimer ainsi, et le veau à cet âge n'est pas encore assez venu pour qu'il puisse dépérir beau-

coup par suite du sevrage. En ce moment il ne demeure ordinairement qu'un jour sans boire : aussitôt qu'il recommence et
jusqu'à la fin de son premier mois, on lui donne du lait à boire
à volonté. Au second mois, on y ajoute de l'eau et des farines
de féverolles dégagées de son. Quelques éleveurs ajoutent du lait
écrémé, d'autres du lait de beurre et plus tard du pain d'huile
en commençant par une cuillerée. N'importe, au reste, la méthode, les élèves de la race bovine doivent recevoir jusqu'à l'âge
de quatre mois une boisson nourrissante. J'ai employé plusieurs
boissons artificielles, la meilleure est encore le lait. On le diminue progressivement en augmentant les farineux ; après le lait
on continue les farineux jusqu'à six mois. Les jeunes veaux
commencent alors à manger, on leur donne un peu de trèfle vert
en été, des betteraves réduites en très-petits morceaux et mélangées à des farineux, en hiver. On peut remplacer la betterave
par un litre d'avoine ; vient ensuite du bon foin ou du regain.

MOUTONS.

Toutes les fermes où il y a des troupeaux de moutons ne
possèdent pas d'herbages pour les nourrir ; les jachères ne fournissent qu'une bien chétive nourriture, il faut donc la plupart
du temps suppléer au défaut des prés naturels par les prairies
artificielles. Le trèfle blanc est la plante fourragère qui va le
mieux au pâturage, et comme le terrain de notre contrée lui
convient, en général, il est facile de la cultiver. On peut quelquefois dès la fin d'avril, mais certainement dès les premiers
jours de mai, faire brouter le trèfle blanc ; et comme cette plante
repousse immédiatement de nouvelles feuilles, on peut laisser
aux moutons le libre parcours de la pièce. Si l'on voulait le
ménager, les bêtes le trouvant plus dur le mangeraient sans
doute moins bien ; elles en fouleraient sous leurs pattes une
quantité si la plante avait fleuri.

Le berger doit en tous cas veiller avec une vigilance soutenue
à ce que le troupeau ne reste pas plus de dix minutes sur de
pareils herbages. Le météorisme est à craindre pour les moutons comme pour les vaches. J'ai vu plusieurs années où mon

berger trouvait plus prudent de n'y demeurer que neuf minutes. Il est facile, dans une grande pièce, de faire manger un coin complétement pour avoir une place où puisse se retirer le troupeau.

AGNEAUX.

On commence à mettre les agneaux en pâture : on choisit un beau temps pour les premières sorties sans que cependant le soleil soit trop brûlant : il est bon de ne les y laisser d'abord qu'une demi-journée afin que l'habitude de la fatigue se prenne petit à petit.

TONTE.

C'est en mai qu'a lieu dans notre département la tonte des moutons. Il est d'usage de laver la laine sur le dos des bêtes. Pour cette opération, ceux qui le peuvent mènent le troupeau à la rivière, et là, chacune des personnes chargées de cette besogne entre dans l'eau, se saisit d'un mouton et le lave. L'œil du maître est aussi bon ici qu'ailleurs si l'on veut que cet ouvrage, qui a son importance, se trouve fait convenablement. Que de négligences à redresser et d'enseignements à donner ! On fait bien de laisser un jour d'intervalle entre le lavage et la tonte.

Le choix des tondeuses est important, car la laine doit être coupée très-près de la peau et le plus également possible, sans qu'il reste des raies sur le corps de l'animal comme cela se voit si souvent. C'est une perte de produit réelle. Les outils ont, au reste, leur part de responsabilité dans cette besogne ; ceux dont nous avons coutume de nous servir laissent peut-être à désirer. On se sert en Allemagne de forces à lames un peu recourbées dont un modèle a été présenté au Comice par un de ses membres, et cet instrument me semble bien supérieur au nôtre : on peut, avec lui, couper aussi près de la peau qu'on veut sans craindre de faire avec la pointe aucune de ces blessures qui, souvent saignantes, attirent les mouches et privent ainsi l'animal de son repos. Il est à désirer qu'il se propage.

JUIN.

Il y a peu de cultures à faire en juin pour ensemencements. On ne sème guère en ce mois que le sarrasin et le navet ; mais la culture de ces plantes est peu répandue dans le département.

SARRASIN.

Contrairement à beaucoup d'autres végétaux, le sarrasin vient souvent mieux dans les mauvais terrains que dans les bons ; il faut seulement avoir soin que la terre soit bien ameublie avant de semer.

Quoique la graine du sarrasin soit assez nutritive, ses qualités ne peuvent cependant suffire à lui faire tenir place dans un assolement. On ne le cultive ici que pour remplacer d'autres plantes fourragères qui n'auraient pas réussi ou pour l'enfouir à l'automne faute de fumier.

Cinquante litres de graines suffisent pour ensemencer un hectare, il en faut presque le double si la récolte est destinée à remplacer l'engrais.

En Normandie et en Bretagne on le cultive beaucoup. Les hommes le font entrer pour une portion appréciable dans leur nourriture. On engraisse des volailles avec la farine qui en provient.

NAVET.

Le navet, comme culture principale, ne peut lutter avec la betterave et la carotte dont les produits sont bien supérieurs. Cependant, après une récolte de seigle ou de lin, ou encore en remplacement de quelques plantes fourragères ou de racines qui n'ont pas prospéré, on peut en tirer profit. Il faut autant que possible, en tous cas, qu'il soit semé à la fin de juin ou au commencement de juillet ; plus tard il grossirait peu.

Il est à observer qu'une récolte de navets épuise beaucoup la terre et que ce que l'on sème après lui en souffre, à moins que la terre n'ait été en très-bon état.

JACHÈRES.

On donne aux jachères la deuxième culture dès les premiers jours du mois, quand ce travail n'a pas été fait dans les derniers jours de mai. Les cultivateurs qui ne font des jachères que pour semer des colzas et qui sont surchargés de travaux, devancent souvent même ces époques dans la crainte de se trouver en retard. A mon avis cependant, quand on veut donner quatre labours, il faut laisser un long intervalle de temps entre la première et la seconde culture ; la terre a besoin de se reposer et les plantes parasites se pourrissent avant que la charrue les ramène à la surface du sol.

La troisième culture doit être rapprochée de la seconde afin de ne pas permettre au chiendent et aux autres mauvaises herbes de reprendre racines.

Quand on procède ainsi à la culture des jachères et qu'on ne craint point par un temps sec d'y ajouter l'effet de hersages énergiques et successifs, on parvient aussi bien à nettoyer le sol qu'à l'ameublir ; la terre bien fumée et ameublie facilite, pendant le repos dans lequel on la laisse jusqu'aux semailles, la germination de ce qui reste de mauvaises graines, et elles se trouvent retournées et enfouies au dernier labour qui précède immédiatement l'ensemencement du colza ou du blé.

PLANTES SARCLÉES.

Piochage. — C'est en juin que l'on s'occupe le plus généralement du binage ou piochage des différentes espèces de plantes sarclées. On ne saurait trop recommander l'activité dans le travail quand le temps le favorise ; l'herbe coupée par un beau soleil se détruit plus sûrement, la terre s'ameublit bien à la surface, et s'il survient une sécheresse, elle profite plus aisément des rosées du matin. Si l'on n'a pas saisi le moment opportun et que la surface du sol reste dure, la croûte qui existe interrompt toute communication avec l'atmosphère, et le terrain ne se ressent plus que faiblement des petites pluies qui pénètrent si facilement à travers la terre douce.

Il peut encore arriver que celui qui laisse échapper le moment favorable soit surpris, dans son travail, par la pluie, et que toute la peine qu'il se donne soit en pure perte, car la pluie qui bat un binage en paralyse les bons effets, heureux encore quand le mal n'est pas sans remède.

Les pommes de terre reçoivent souvent deux piochages dans le courant de juin, on commence même à les butter.

On pioche également les betteraves et les carottes.

FENAISON.

Trèfle.—C'est en juin que se font les fenaisons des différentes espèces de fourrage.

La luzerne se coupe, la première, avant la floraison; elle perdrait de sa qualité en la laissant durcir.

Après elle, le trèfle, qu'on fauche quand déjà beaucoup de ses fleurs apparaissent. Si la superficie du terrain semé en trèfle est étendue et qu'il faille plus d'une semaine pour l'abattre, on ne saurait beaucoup retarder le commencement des travaux à moins de s'exposer à perdre en qualité plus qu'on ne gagnerait en quantité. La pousse du premier trèfle fauché est encore souvent celle qui donne le plus de profit à la seconde coupe, qu'on la destine, soit à porter semence, soit à produire du fourrage.

On a généralement l'usage de faire sécher le trèfle comme le foin des prairies, et cette méthode est mauvaise, parce qu'en étendant les andains de trèfle comme ceux des autres herbes et en les préparant de la même manière, cette plante perd ses parties les plus nourrissantes, les feuilles et les fleurs. Le but principal que l'on doit se proposer, en faisant sécher ce fourrage, est de conserver tout ce qui tient à sa tige; on n'y parvient qu'en le laissant dans la position que lui a donnée le faucheur jusqu'au moment où il se trouve bon à être mis en tas de sûreté.

Dans les Pays-Bas, les cultivateurs ne mettent jamais leur trèfle en tas quand le temps menace pluie ; ils l'arrangent en petites meulettes formées de trois javelles et le laissent ainsi, sans y toucher jusqu'à ce qu'il soit bon à rentrer. Ils roulent leurs andains, quelquefois même avant de les avoir retournés, pour en former de petites javelles ; ils dressent trois de ces javelles l'une contre l'autre en forme de trépied et les rassemblent par le haut, au moyen d'une poignée de trèfle servant de lien. Quatre ou cinq jours suffisent alors pour achever la dessication, parce que, s'il pleut, l'eau glisse à l'extérieur, et qu'à l'intérieur l'air circule librement. Ainsi séché, le trèfle conserve toutes ses feuilles, il reste même aussi vert qu'au moment de la coupe.

Cette méthode donne, il est vrai, un peu plus d'ouvrage ; mais on confectionne les moyettes à l'heure du jour qui convient le mieux, et la chose terminée, on n'a plus à s'occuper du fourrage que pour le botteler et le rentrer, ce qui ne demande pas plus de temps qu'un chargement ordinaire. Sans employer précisément la méthode des Pays-Bas, il est bon, pour obtenir une dessication du trèfle qui ne nuise pas à la plante, de laisser en andains le trèfle fauché pendant un jour ou un jour et demi, selon l'influence du soleil sur la plante abattue. On les retourne ensuite avec un bâton de la grosseur du manche d'une petite fourche et d'une longueur de deux mètres cinquante centimètres. Ce bâton, courbé dans le milieu, se relève un peu à la pointe. L'ouvrier se baisse, glisse le bâton sous l'andain sans atteindre tout-à-fait le milieu de sa largeur ; et, par un léger mouvement des bras, il soulève alors l'andain en s'inclinant à droite pour le faire renverser, tout en lui conservant la ligne droite qu'il avait auparavant : c'est chose facile dès que l'on maintient toute la longueur du bâton dans la même direction que l'andain.

Par ce procédé l'ouvrier atteint aussi vite l'extrémité de son andain que par la méthode ordinaire, par la raison fort simple qu'avec un peu d'adresse il peut, à chaque coup, retourner une étendue d'environ un mètre cinquante centimètres de longueur. Cela fait, il suffit souvent d'un jour de beau temps pour achever la dessication.

On ne doit point redouter outre mesure une averse pour des andains à demi-secs ; quand la pluie a cessé, on recommence à les retourner de nouveau, et bientôt les andains se ressuient sans que le fourrage perde sa qualité.

Lorsque les andains sont secs, on les roule en javelles pour les botteler le lendemain ou le même jour si le temps n'est pas sûr. Cette méthode, tout aussi expéditive qu'aucune autre, a l'avantage de fournir le fourrage tout préparé pour la ration des chevaux ; malheureusement l'usage de botteler le fourrage dans notre pays n'est pas répandu. Rien, au reste, de plus facile que de faire les tas tels qu'on a l'habitude de les façonner avec le trèfle ainsi travaillé ; les tiges de la plante tiennent bien ensemble, et il suffit d'un peu rouler l'andain pour en prendre au bout de la fourche une quantité facile à placer.

On ne doit mettre en tas que dans la matinée ou le soir si l'on ne veut pas voir le fourrage se briser ; il en serait de même si l'on chargeait les voitures pendant la forte chaleur.

La confection des tas est d'une grande importance, parce qu'ils doivent demeurer quelques jours dans les champs pour permettre à la dessication du trèfle de se compléter.

La forme à leur donner est exactement celle d'un pain de sucre ; elle facilite l'écoulement de l'eau à l'extérieur, sans que la pluie rencontre d'obstacles qui la forcent de s'infiltrer à l'intérieur ; les ouvriers négligents qui laissent des inégalités dans le pourtour, ceux qui font les tas trop larges en haut et négligent d'abattre les rebords à la base, ceux qui ne prennent pas la précaution de serrer successivement chacune des quantités déposées pour leur faire prendre un aplomb suffisant, sont souvent cause de bien des avaries.

Les râteleurs déposent aussi parfois au pied du tas, après son achèvement, le trèfle que le râteau leur a fourni, tandis qu'ils devraient le poser à son sommet pour servir d'abri au fourrage. Aucune précaution n'est inutile : le maître qui veut réussir doit donner à ses ouvriers des explications suffisamment claires ; s'assurer, en les voyant exécuter, qu'ils l'ont compris, et tenir assez fermement à ses ordres pour qu'ils soient scrupuleusement exécutés.

Herbe des Prés. — Le foin des prés ne mérite pas moins d'attention que le fourrage des prairies artificielles. On doit, comme pour ce dernier, faire faucher les herbes avant qu'une maturité trop complète en ait altéré les qualités.

Les prairies doivent être rasées par le faucheur avec d'autant plus de soin que l'herbe, plus épaisse près de la terre, échappant à la faux, apporterait plus de perte au cultivateur.

Il est de règle que le foin coupé ne doit jamais passer la nuit sur la terre qu'en andains on en tas ; s'il restait étendu, il se blanchirait à la rosée, et une pluie survenant, on ne pourrait plus le garantir des avaries.

Pour bien faire, on ne doit pas jeter hors d'andains l'herbe coupée après midi ; elle doit attendre celle qui sera fauchée le lendemain matin, et toutes deux ensemble sont soumises au travail. Dans une saison pluvieuse, les andains peuvent être maintenus pendant quelques jours sans que le foin soit compromis dans sa qualité ; si l'herbe se jaunissait, on la retournerait d'après la manière indiquée pour le trèfle, en conservant les andains.

On doit aussi prendre, pour former les tas, les mêmes précautions que celles conseillées pour le fourrage artificiel.

Il faut encore savoir saisir le degré convenable de dessication du foin : trop sec, il perd une partie de ses feuilles, et dès-lors rien ne vient plus provoquer cette légère fermentation qui, s'opérant dans le tas, après sa rentrée, achève de lui donner toute sa perfection. D'un autre côté, s'il n'est pas suffisamment sec, il subit une fermentation telle que la moisissure le gâte par place, et que le fourrage contracte une saveur qui nuit à la santé des animaux.

Pour faire sécher le foin, le cultivateur doit proportionner le nombre de ses ouvriers faneurs à celui des faucheurs, ou bien, ce qui est plus commode, pouvoir retirer à volonté les faucheurs de leur besogne pour les faire participer au travail de fenaison proprement dit.

Aucun ouvrage agricole n'exige autant de promptitude et de soins que la rentrée des fourrages : c'est là surtout que la présence du maître est indispensable : il lui est impossible de se faire remplacer.

Pendant la durée de ce travail on éprouve une gène plus grande d'un excès de pluie que d'une sécheresse continue; si le cultivateur ne fait pas alors ce qu'il voudrait, avec des précautions et beaucoup de peines, il finit toujours par rentrer les fourrages sans que la qualité se soit beaucoup altérée.

Je ne me rappelle que trois années où les pluies aient été telles que tous les foins furent avariés. Dans ces cas il est bon de répandre du sel sur le foin au moment de la rentrée. Cinq kilogrammes de sel suffisent par mille kilogrammes de foin.

L'entassement du fourrage sur les greniers a son importance, non-seulement à cause de la fermentation qui peut se produire bien ou mal, mais encore à cause de la quantité qui peut être logée. Celui qu'on charge ordinairement de ce soin est le plus maladroit ou le plus faible des ouvriers, tandis qu'on devrait, au contraire, ne le confier qu'au plus fort et au plus raisonnable.

Pour recevoir l'évaporation des tas de foin, on fait très-bien de les couvrir avec de la paille et d'en garnir également les murs pour garantir le fourrage de toute humidité.

Malgré une détérioration évidente, beaucoup de cultivateurs de notre contrée s'obstinent, parfois, à donner aux vaches et aux moutons, et même aux chevaux, des foins qui ont perdu leur qualité, comme si le dépérissement des animaux mal nourris ne venait point encore s'ajouter à la première perte! Il ne faut jamais oublier que la quantité du fourrage ne remplace jamais la qualité, et que plus le foin contient de portions nutritives plus les bêtes qui le consomment grandissent, donnent de lait, prennent de graisse ou sont aptes au travail.

La Suisse, qui possède un si beau bétail, doit cet avantage bien plus à la qualité de ses fourrages qu'à toute autre cause. Ceux qui ont traversé ce pays au moment de la fenaison doivent se rappeler avec quel délice on respire le parfum si pénétrant des herbes qui sèchent au soleil. Il en est de même en Normandie, en Flandre, dans les Pays-Bas, partout où nous voyons des races distinguées d'animaux domestiques.

Sans vouloir comparer d'une manière générale nos prairies à celles de ces différentes régions, on peut reconnaître cependant que le département de la Moselle possède certains cantons où les prés sont de bonne qualité sans que le bétail semble beaucoup s'en ressentir. Cette différence a sans doute plusieurs causes ; mais si les qualités nutritives des foins doivent être mises en première ligne, une condition essentielle est de les bien soigner et de les bien rentrer ; on ne saurait apporter trop d'attention à cette récolte, car les foins de première qualité mal soignés et mal rentrés passent facilement à la seconde, ceux de la seconde qualité à la troisième, et ceux de troisième à un état tel qu'ils ne peuvent servir qu'à la litière.

Dans beaucoup de contrées les cultivateurs ne rentrent au grenier ou dans les granges qu'une partie de leurs foins, ils font en plein air, avec le surplus, des meules rondes ou des tas carrés. Quoique dans la plupart des fermes de nos départements de l'Est on trouve des emplacements assez vastes pour loger toute la récolte, il arrive pourtant par fois une abondance si extraordinaire, que grenier et grange deviennent insuffisants. Comment garder une sage réserve dans ces occasions favorables si l'on ne sait pas faire, comme tant d'autres, les meules ou les tas carrés. Nous ne possédons point, il est vrai, d'ouvriers exercés à la construction de ces façons de magasins en plein air. Le plus grand obstacle à vaincre quand on veut élever une meule est une saison pluvieuse, parce que le foin n'est vraiment en sûreté que quand elle est terminée et couverte.

J'ai vu à la ferme agronomique de Versailles, en 1850, construire, non pas précisément une meule, mais des tas carrés. Les parrois en étaient admirablement bien faites, aussi droites que de vrais murs : on les terminait avec une espèce de faîtage. Dès qu'ils sont recouverts convenablement avec de la paille, je conçois qu'ils doivent conserver très-bien le foin, le pourtour seul demeure exposé à être blanchi par les pluies ; mais la perte qui en résulte est un bien petit inconvénient en comparaison de la masse bien conservée, et nous ne sommes pas d'ailleurs nous-mêmes sûrs d'être exempts de ces sortes de dommages sur nos greniers et dans nos granges où l'humidité des murs et l'eau provenant de gouttières inaperçues amènent si souvent des désastres. Je n'hésiterais donc pas, le cas échéant, pour conserver les fourrages d'une année extraordinaire, à suivre l'exemple dont je viens de parler : il faut toujours pouvoir faire des réserves, sans réserves il n'est guère possible de compter suivre, d'une manière régulière, un système quelconque pour l'entretien du bétail.

CHEVAUX.

Les chevaux mangent du vert pendant presque tout le mois de juin ; à la fin du mois, le vert de la première coupe s'épuise et si l'on n'avait point eu la prévoyance de ménager de vieux fourrage pour cette époque, on se trouverait fort embarrassé avec le fourrage nouveau, qu'on ne peut donner aux chevaux sans compromettre leur santé. C'est, au reste, encore une chose très-salutaire de rendre à ces animaux du vieux foin après six semaines d'une alimentation en fourrages verts : si à leurs repas en vieux foin on ajoute une ou deux rations de farineux, on les préserve mieux de maladies avec ce régime qu'avec aucun remède.

RACE BOVINE.

Dans les fermes bien tenues les bêtes à cornes mangent du vert à l'écurie pendant tout le mois de juin ; à la fin du mois, quand la première coupe est terminée, on les met en pâture dans les prés dont le foin a été enlevé et qu'on ne destine pas à porter du regain. C'est le moyen d'attendre que la luzerne soit bonne à couper pour la seconde fois : si la nourriture qu'elles trouvent dans les prairies est insuffisante on y supplée en donnant à l'écurie les premières vesces semées en mars. On peut couper cette plante dès qu'elle est en pleine fleur, c'est une excellente nourriture pour les vaches.

RACE OVINE.

Les moutons finissent à la même époque de brouter le trèfle blanc dans les pièces qui leur étaient affectées ; ils n'y trouvent plus de quoi suffire à leur entretien, parce que, soit par l'urine ou par toute autre cause, ils ont laissé dans le champ un engrais qui a favorisé la végétation en beaucoup de places, et que l'herbe qui croît en ces taches vertes a une saveur qui éloigne le mouton : il n'y touche qu'absolument pressé par la faim. Si l'on n'a pas un autre herbage à livrer à son troupeau, c'est donc encore aux prairies qu'il faut recourir ; les jachères n'offrent plus elles-mêmes à cette époque aucune ressource quand elles ont été convenablement traitées.

JUILLET.

—

COLZA.

Récolte. — C'est au commencement de juillet que se coupent les colzas. Il faut saisir le moment où une partie des siliques commencent à jaunir, quand l'autre est encore verte, sans cependant l'être trop ; la graine doit être de couleur rougeâtre ou brune.

Les grandes chaleurs qui surviennent souvent à cette époque font ouvrir les siliques arrivées à leur maturité complète : dans ces circonstances il est prudent de cesser d'abattre pendant les plus chaudes heures du jour pour reprendre le soir et recommencer le lendemain à la rosée.

On peut faire des moyettes avec les colzas comme avec les céréales pour les mettre à l'abri des pluies persistantes. Le seul inconvénient de ce procédé c'est que le colza a besoin de plus de temps pour sécher avant qu'on puisse le battre, et les travaux sont alors tellement multipliés que l'on doit chercher à exécuter chacun d'eux à son heure et le plus promptement possible.

Lorsqu'on veut employer les moyettes, il faut les confectionner deux jours seulement après la coupe, afin de laisser amortir les plantes pendant qu'elles sont encore en javelle. On évite par là un tassement qui empêcherait l'air de pénétrer à l'intérieur.

Pour emporter les moyettes, on se sert de deux grands bâtons que l'on introduit sous la base de la moyette : deux hommes prennent les extrémités de ces bâtons et l'enlèvent pour la poser sur une civière destinée à ce transport.

Huit à dix jours après que le colza est coupé, on s'occupe du battage. Cette opération a lieu, communément, dans les champs, sur de grandes pièces de toile appelées bâches. On dresse les javelles de colza sur la bâche, les unes à côté des autres ; puis on les fait fouler aux pieds des chevaux, plus expéditifs que ne le seraient des hommes.

Ces travaux, exécutés en plein air, par un soleil ardent, ne laissent pas que d'être rudes pour les hommes et pour les chevaux, et quand le temps devient pluvieux, l'on sait toutes les difficultés d'une autre nature que ce changement entraîne avec lui. Pour rendre ces travaux plus sûrs et plus faciles et peut-être même plus profitables, on ferait bien d'avoir, près des bâtiments d'exploitation, un hangar où se trouverait une machine à battre appropriée à cet usage. Dans ces conditions, on transporterait à la machine, par voiture, le colza enlevé des champs : le champ lui-même serait plus tôt libre, la graine se trouverait à la maison et la paille et les siliques resteraient à portée des soins et de la surveillance. On entasserait la paille près de l'habitation, en laissant à couvert les siliques, afin de les avoir à donner, en hiver, comme nourriture aux moutons et aux bêtes à cornes. Et qu'on ne s'étonne point de voir les siliques de colza réservées aux bêtes à cornes : ces dernières s'accommodent fort bien de cette nourriture quand on a pris seulement la précaution de la faire tremper dans de l'eau tiède avant de la leur donner.

Ce hangar se trouverait utilisé en tout temps par des dépôts de paille ou d'objets quelconques, de blé même pendant la moisson.

La graine de colza se rentre ordinairement sur les greniers sans avoir été vannée. Elle exige des soins : elle s'échauffe souvent en effet, soit parce qu'elle a été battue sans être bien sèche, soit parce que, bien sèche, elle l'a été par un temps humide.

Quand, au moment du battage, la pluie revient souvent interrompre le travail, ne serait-ce que momentanément, la paille reste humide sans que la graine s'en ressente précisément ; dans ce cas, il est prudent de vanner le plus tôt possible, si l'on veut éviter sûrement la fermentation que ne manquerait pas d'occasionner la moiteur des siliques.

On donne, aussitôt qu'on le peut, le premier labour aux terres qui ont porté le colza. Les nombreuses occupations de cette saison ne permettent guères de donner plus de deux cultures : dans cette prévision, il ne faut donner la première que superficiellement à huit ou dix centimètres de profondeur ; la semence des mauvaises herbes ainsi maintenue à la surface, germe à la première pluie et reste plus facile à détruire. Comme les raies des sillons sont toujours la partie du champ la plus mal nettoyée par les piocheurs de colza et que les mauvaises herbes y poussent avec vigueur, il est souvent nécessaire, avant de commencer à labourer le sillon, de passer la charrue dans le fond de ces raies. Plus tard, avant le second labour, on passe le scarificateur ou une forte herse en fer pour enlever les mauvaises herbes, récemment levées, et amener à la surface celles enfouies précédemment par la charrue. Les unes et les autres exposées à l'ardeur du soleil sèchent avec rapidité. Le second labour précède immédiatement la semaille et se fait profondément. Tout se trouve alors enfoui de nouveau, le terrain est propre, et la graine lève sans rencontrer aucun obstacle qui lui nuise.

PIOCHAGES.

En juillet, les piochages sont nombreux : il faut mettre à les faire d'autant plus de soins que c'est en général la dernière fois que l'on pioche les plantes sarclées. Et les mauvaises herbes qui échapperaient trouvant dans une terre bien fumée tous les éléments possibles de prospérité, prendraient un développemnt tel que souvent leur nuisible influence s'étendrait encore aux denrées de l'année suivante.

POIS PRINTANIERS.

C'est en ce mois que se récoltent les pois printaniers : quand on a soin de ne les pas laisser trop mûrir, leur paille fournit un aliment que mangent avec avidité, en hiver, les chevaux et les moutons.

SEIGLE.

On récolte aussi les seigles : ils doivent être coupés avant parfaite maturité pour que la paille conserve toute la force que réclame l'usage auquel on la destine.

COLZA.

Semaille. — On commence à semer le colza dans la dernière quinzaine de juillet. On sait que la terre qui lui convient le mieux est celle qui a beaucoup de fond sans trop de fraîcheur ; elle doit être meuble et bien fumée.

Dans les terres légères, six litres de graines suffisent par hectare, et huit dans les terres plus fortes ou bien dans celles dont l'ameublissement n'est pas satisfaisant.

CHEVAUX.

Les chevaux ont quitté le vert en juillet : on les remet au fourrage sec. Mais si ce fourrage est nouveau, on sait qu'il présente de graves inconvénients. Le trèfle vert, qui produit beaucoup de sang, doit être suivi d'un régime alimentaire qui rétablisse en quelque sorte l'équilibre. Pour éviter des maladies, il est important d'avoir toujours une réserve de vieux foin qu'on donne aux chevaux pendant les premiers quinze jours qui succèdent à leur nourriture en vert. On ajoute au régime, de l'eau blanche et de l'avoine en proportion du travail que ces animaux ont à supporter. Cette méthode est la meilleure pour prévenir les maladies désastreuses qui, trop souvent, viennent au mois d'août décimer les attelages.

VACHES.

Après la rentrée des foins, les bêtes à cornes vont en pâture dans les prés qui ne sont pas destinés à porter du regain ; mais il est rare qu'un troupeau un peu nombreux puisse se nourrir suffisamment au-dehors sans qu'on lui donne encore du fourrage vert à l'étable. Il faut que le cultivateur y ait pensé. C'est en ce moment que les vesces sont bonnes à couper. Les luzernes de seconde coupe leur succèdent et complètent bien la nourriture des bêtes à cornes.

MOUTONS.

Les moutons que l'on engraisse au pâturage doivent être vendus au commencement de juillet ; car les herbes très-nourrissantes du printemps ayant cessé, ils ne profiteraient plus autant d'une nourriture moins succulente et d'autres moutons maigres s'en accommodent fort bien.

C'est en ce mois qu'il faut sevrer les agneaux : dans les grands troupeaux on les fait conduire à part pendant dix jours environ, pour les remettre ensuite avec les autres.

On tond également les agneaux, à moins que des raisons de temps ou de circonstances n'aient obligé de hâter cette opération et de la faire, par exemple, à l'époque de la tonte des mères.

Les jeunes bêtes prospèrent davantage quand elles sont débarrassées de leur toison.

AOUT.

Le travail essentiel du mois d'août, celui qui résume à lui seul une grande partie des autres, en ce sens que la plupart de ceux répandus dans l'année ont pour but d'aboutir à lui, est le travail de la moisson, c'est-à-dire de la récolte.

Le cultivateur, au moment de voir se réaliser ses espérances, a besoin de toute son activité; il sait bien que la compensation de toutes ses peines ne sera véritablement obtenue par lui que quand toutes les céréales qu'il a confiées à ses champs seront rentrées dans ses granges.

BLÉS.

L'usage presque général encore du pays consiste à couper les blés avec la faucille. Le seul avantage qu'on retire de ce procédé c'est de fournir du travail à beaucoup de bras : mais il fait perdre au cultivateur beaucoup de paille et beaucoup de temps. Jusqu'au moment où l'on a introduit dans l'agriculture les machines à battre, il était presque impossible de couper autrement les blés ; les gerbes devaient rassembler assez les épis pour qu'au moment de l'opération du battage par le fléau, ils puissent se trouver ensemble sous les coups de cet instrument.

La faux coupe le blé plus près de terre, donne plus de longueur à la paille, mais comme celui qui aide le faucheur ne peut donner aux javelles la régularité que le moissonneur armé de la faucille leur laissait autrefois, les gerbes sont devenues moins régulières. Ce n'est plus un inconvénient puisque les épis épars dans l'intérieur de la gerbe ne peuvent échapper au battage par la machine. Cette méthode a ses profits : les ouvriers employés, allant plus vite, gagnent du temps et augmentent leurs bénéfices : le cultivateur a plus tôt sa moisson.

rentrée et sa paille est plus abondante. On peut estimer que la faux fournit environ un quart de paille en plus que la faucille.

S'il était possible d'exclure complétement les moissonneurs et de les remplacer tous par des faucheurs, le temps qu'on emploie à la moisson se trouverait réduit presque de moitié ; mais, comme il arrive dans toute agriculture qu'on ne peut se dispenser d'avoir à sa disposition, pendant toute l'année, des ouvriers auxquels sont confiés des travaux de piochage et autres que les hommes attachés spécialement à la ferme ne peuvent faire, il est indispensable à la plupart des cultivateurs de donner aux familles de ces ouvriers de l'ouvrage au temps de la moisson. C'est pour elles le moyen ordinaire de gagner une partie de leur nourriture ; aussi le cultivateur, malgré le bénéfice évident qu'il pourrait retirer du procédé contraire, est-il obligé de partager les travaux des ses moissons, entre des faucheurs et des moissonneurs, de telle sorte, qu'à vrai dire, le travail de ses moissons ne gagne plus guère qu'un tiers des jours sur le nombre autrefois nécessaire, et c'est toujours beaucoup.

La maturité du blé se reconnait à la couleur et à la dureté de la graine et à la sécheresse du nœud de la paille.

On doit le couper un peu avant que cette maturité soit complète, quand la graine cède légérement à la pression de l'ongle, et quand le nœud de la paille laisse encore entrevoir comme un peu de végétation. Les personnes expérimentées ne s'y trompent point.

Dans le nombre des pièces d'une ferme semées en blé, il y en a toujours à différents degrés de maturité, soit que les unes aient été ensemencées de bonne heure, soit que le sol des autres soit plus chaud ou plus froid. A l'inspection de ses blés, le cultivateur doit savoir l'ordre dans lequel il fera procéder à leur coupe et comme cette opération devra durer en tout dix à douze jours, les blés se trouveront tous en général abattus dans les mêmes conditions de maturité. La réduction du nombre des jours de coupe, assure aussi au cultivateur une production en paille d'une qualité plus égale. On évite encore par là l'égrenage. Quand les moissons durent longtemps, les derniers blés parviennent à une maturité excessive ; l'épi abandonne son grain et la paille se noircissant, perd de sa qualité.

Le moyen le plus économique et le plus sûr d'abriter les blés en leur conservant toutes leurs qualités, est le système des moyettes ou meulettes. Il se pratique déjà dans les environs de Metz. On croit généralement qu'il n'y a profit à cette méthode que dans les saisons pluvieuses, c'est une erreur et l'on devrait l'employer en tous temps. Voici ce qu'on y gagne : quand les blés sont destinés à être mis en moyettes pendant toute la durée de la coupe, le maître tout seul surveille aux champs ses ouvriers, et le personnel de la ferme continue les autres travaux, ou prépare les choses nécessaires à la rentrée des blés. Quand tout est ainsi disposé, quelques jours de beau temps suffisent à cette opération.

La construction des moyettes est facile : ce sont les femmes généralement qui sont chargées de ce travail.

On commence par placer sur le dos du sillon une javelle dont on replie les épis sur elle-même, afin qu'ils ne reposent pas sur terre : on dispose ensuite d'autres javelles autour de la première ; on a soin de croiser les épis au centre, bientôt la moyette s'élève tout en conservant la pente nécessaire à l'écoulement de l'eau des pluies qui peuvent survenir. Quand la moyette a atteint à partir du sol, la hauteur d'un mètre quatre-vingts centimètres, un ouvrier prépare une gerbe un peu plus forte que les autres ; il la lie assez bas et la mettant droite, il abat en dehors les tiges de blé à ras du lien ; il a soin de bien les répartir également partout ; il enlève alors la gerbe et la renverse bien droite sur la pointe de la moyette. Cette gerbe devient une espèce de chapeau ; les épis descendent le long de la meulette, et sa tête s'en trouve couverte et le bas s'abrite de lui-même par l'inclinaison de la paille. S'il y a peu d'herbes dans les blés, on peut confectionner les moyettes immédiatement après la coupe, quand même la paille conserverait quelque peu d'humidité. La paille se sèche très-bien au moyen de l'air qui pénètre dans l'intérieur des meulettes. On doit retarder la mise en moyettes du blé qui serait mouillé ou trop chargé d'herbes, car alors, il serait exposé à se tasser et l'air ne pouvant plus circuler, il s'ensuivrait nécessairement avarie pour le blé et pour la paille.

Depuis plus de douze ans je suis cette méthode pour les blés, et si je voulais revenir à l'ancien usage des moissonneurs, cela me serait très-difficile. Les moissonneurs savent très-bien qu'au lieu de trois jours qu'il fallait autrefois à un homme et à une femme pour abattre le blé d'un hectare avec la faucille, deux journées leur suffisent avec la faux, tout en faisant les meulettes. À la fin de la coupe des blés, tous les champs se trouvent donc couverts de meulettes ; il ne s'agit plus que de les rentrer.

Il est important d'observer, que dans les pièces de blé où l'on a semé du trèfle, les moyettes ne peuvent séjourner plus de cinq à six jours, à moins de courir la chance de trouver morte cette jeune plante à toutes les places occupées par les moyettes. Aussi, commence-t-on l'enlèvement par les champs qu'il est urgent de vider les premiers. Cette opération, eu égard à l'agglomération des javelles dans les moyettes, se fait avec une facilité telle, que la moitié du personnel autrefois employée, est suffisante pour tenir occupés tous les attelages de la ferme.

Dans les temps pluvieux, les moyettes permettent encore de suspendre sans danger la rentrée des blés, et d'attendre que le lendemain d'un jour de pluie ramène le soleil. Dans une saison pluvieuse, il faut veiller à ce que les meulettes ne soient pas découvertes trop longtemps à l'avance et avoir soin que les chars suivent à peu de distance les ouvriers lieurs.

Ce système apporte à l'opération si délicate de la rentrée des blés, une rapidité considérable : malgré la facilité des moyens, le cultivateur ne doit, en outre, rien négliger de ce qui peut en cette circonstance, rendre les hommes plus dévoués et plus dispos, et les chevaux plus actifs.

Avant de passer à la moisson des avoines, il est peut-être utile de donner ici la description du moyen particulier adopté par quelques cultivateurs de la Meuse, pour la conservation des blés dans les champs après leur coupe.

Les blés abattus sont liés et les gerbes mises par tas de dix.

On forme ces tas en dressant d'abord trois gerbes les unes à côté des autres. Vis-à-vis celle du milieu, on en place deux autres, l'une en avant, l'autre en arrière, de telle sorte, que celle du milieu, appartient également aux deux lignes perpendiculaires, se coupant à angle droit, selon lesquelles les cinq premières gerbes sont dressées. Les quatre vides sont remplis par quatre nouvelles gerbes ; le tas renferme donc déjà neuf gerbes : cette opération préliminaire est faite par les moissonneurs.

Interviennent à ce moment deux ouvriers de la ferme tenant en main une longue corde ; ils la plient en deux, et entourent le tas de cette corde devenue double ; ils passent ensuite les deux extrémités libres dans l'autre partie et tirent avec force sur cette façon du nœud coulant, jusqu'à ce qu'ils aient réduits le tas à une espèce de pointe ; ils fixent la corde momentanément, puis, prenant la dixième gerbe, ils la posent renversée sur ce sommet ; ils étalent les épis avec soin, afin que la paille puisse maintenir le tas dans sa forme. La corde est alors enlevée et ils passent à une autre opération.

Cette méthode qui pourrait paraître minutieuse, est cependant très expéditive ; elle met les blés bien à l'abri de la pluie et l'herbe que peuvent renfermer les gerbes se dessèche convenablement par la seule circulation de l'air.

AVOINE.

Dans les avoines cultivées on sait que les unes sont plus précoces que d'autres. On les coupe ordinairement toutes en août, chacune à son temps, un peu avant parfaite maturité ; les unes et les autres se coupent généralement à la faux. Elles demeurent en andain pendant huit à dix jours. Si pendant ce laps de temps elles reçoivent une pluie douce, la graine se gonfle et en se séchant, elle gagne sa maturité normale ; mais il faut craindre que la pluie trop renouvelée, ne compromette les résultats obtenus. La graine trop souvent mouillée et séchée, se détache facilement par suite de la rupture de la fibre qui la porte et la paille perd de sa qualité.

ORGE.

L'orge est la céréale qui supporte le moins l'eau des pluies lorsqu'elle est abattue. Une fois mouillée, la moindre chaleur décide sa germination. L'orge n'en doit pas moins demeurer en javelle sur le sol pendant quelques jours avant d'être liée, et comme elle n'est point ainsi à l'abri des pluies qui surviennent, il faut avoir bien soin, le cas échéant, de s'assurer que les javelles ont eu le temps de se bien sécher avant qu'on ne pense à la rentrer. Il n'arrive que trop souvent, que séduit par un beau jour de soleil, on se trompe à la juger sur l'apparence et qu'on rentre une denrée qui bientôt s'échauffe et s'avarie. Il ne faut pas moins de deux jours de beau temps pour détruire dans de l'orge coupée les effets d'une averse.

PAVOTS.

On récolte les pavots. On sait qu'il suffit de détacher de sa tige la tête de cette plante, pour en avoir la graine.

Il faut éviter en vidant les sacs qui les contiennent, de laisser les têtes trop entassées, dans la crainte que l'humidité qu'elles conservent encore, ne provoque une fermentation qui, tout en compromettant la facilité de l'égrenage, nuirait à la graine.

TRÈFLE DE DEUXIÈME COUPE.

On coupe en août les trèfles pour la seconde fois, cette récolte se fait comme celles des premiers.

POIS VERTS.

Les pois verts arrivent en ce mois à leur maturité ; il faut apporter à leur récolte les mêmes soins que ceux prescrits pour celle des pois printaniers, car ils offrent les mêmes avantages comme légume, et leur paille est également bonne pour les chevaux et les moutons.

NAVETTE.

La navette se sème en août. Cette plante ne demande pas un terrain aussi fertile que le colza ; sa production est en général moins abondante.

DÉCHAUMAGE.

Après la moisson, quand on le peut, on fait très-bien de retourner avec la charrue, pour enterrer les chaumes, celles des terres qui ont porté des céréales qu'on destine, au printemps, à recevoir des légumes. Ce labour n'a pas besoin d'avoir plus de sept à huit centimètres de profondeur; l'extirpateur ou le scarificateur sont même suffisants, quand des pluies sont venues détremper le terrain. Les avantages de cette demi-culture sont de natures diverses : d'abord, comme toutes les cultures d'été, elle a été faite en bonne saison, ensuite elle sert à enfouir les graines de mauvaises herbes, et ces dernières ayant le temps de lever, disparaîtront à tout jamais à la seconde culture.

CHEVAUX.

Quelques cultivateurs rendent du vert aux chevaux, mais cette nourriture a bien ses inconvénients; les plantes ne sont plus aussi nourrissantes qu'au printemps; cela ne coûte d'ailleurs pas moins cher qu'une alimentation au fourrage sec et à l'avoine, et à cette époque de l'année, les chevaux ont souvent un rude travail qui a ses exigences; le temps manque encore quelquefois pour aller amasser au champ ce qui est nécessaire. Cependant, le cultivateur qui a des vesces, peut les employer pour une partie de la ration de chaque repas; avant de s'en servir, il doit attendre que la graine de cette plante soit bien formée.

C'est en ce moment qu'il faut penser à sevrer les poulains qui atteignent l'âge de cinq à six mois.

L'opération du sevrage est graduelle.

D'abord, on sépare le poulain de la mère.

Le premier jour, on le laisse teter quatre fois, le second, trois, le troisième, deux, et le quatrième, une seule; il ne revoit alors plus sa mère.

Sa nourriture consiste en trois kilogrammes de fourrage sec de bonne qualité, deux litres d'avoine et un litre de farine de féverolle et de sons mélangés et humectés légèrement. On ajoute un peu de paille, plutôt pour les occuper que pour les nourrir véritablement; ils prennent, au reste, l'habitude de la paille.

Cette ration se donne en trois repas; elle subit une augmentation proportionnelle à l'âge que gagne chaque jour le poulain.

A un an, la ration consiste en cinq kilogrammes de foin et cinq litres d'avoine; elle demeure alors longtemps la même, si l'on ajoute de la paille en suffisance.

La mère, de son côté, réclame certains soins: la première chose dont on doive s'occuper pour elle, est la disparition de son lait; pour y arriver, il faut immédiatement réduire les fortes rations accordées précédemment à sa situation de nourrice, et faire ensuite couler son lait sur une pelle de fer rougie, de manière à ce que la fumée qui s'élève, aboutisse à ses mamelles et devienne ainsi pour elles une fumigation qui les préserve d'influences pernicieuses.

BÊTES A CORNES.

Les bêtes à cornes continuent à aller prendre une partie de leur nourriture dans les prés. On la complète avec des trèfles verts; il faut éviter de leur donner encore des vesces, dès que cette plante porte sa graine, elle est meilleure pour les chevaux et convient moins au bétail.

MOUTONS.

Les moutons trouvent ce qui leur est nécessaire dans les champs récoltés; on n'a plus besoin de se préoccuper de nourriture à leur donner à l'étable.

SEPTEMBRE.

MILLET.

C'est tout au commencement de septembre qu'on procéde à la récolte du millet, on coupe avec des ciseaux ou des couteaux la tête de la plante quand elle offre encore en certaine partie quelque apparence de verdure.

On laisse au champ la paille pour la faucher plus tard.

Les épis se rentrent dans une grange où on les dépose en tas; on les laisse fermenter en cet état pendant trente-six heures, en prenant soin de les remuer, avec une fourche en fer, trois fois dans cette espace de temps; on les secoue fortement, on les bat ensuite au fléau, puis, on les secoue de nouveau, mais à la main cette fois, pour faire tomber toutes les graines.

TRÈFLE.

Les récoltes touchent à leur fin en septembre; il reste à rentrer les trèfles de semence et les féverolles, les regains et les pommes de terre. On fauche le trèfle de semence parvenu à sa maturité avec la faux nue et quelquefois avec la même faux que celle employée pour les avoines. Il faut dans ce dernier cas que la plante soit courte et qu'elle soit demeurée droite en sé-chant; on ne laisse guère sur le sol, le trèfle de semence, que vingt-quatre heures après la coupe.

Il est important de faire avec soin l'inspection de ses trèfles avant de se déterminer à en destiner une partie à porter semence; il faut s'assurer que la plupart des têtes soient pleines, s'il en était, en effet, autrement, on courrait le risque de perdre un fourrage abondant pour n'avoir qu'une quantité de semence insignifiante. On ne doit pas non plus oublier, que la portion des pièces où

le trèfle a porté semence, perd beaucoup de ses qualités fertilisantes, les blés sont toujours moins beaux à ces places, que dans
le reste des pièces.

Il vaut souvent mieux se résoudre à acheter la semence, que
de s'obstiner à vouloir la récolter soi-même. Il y a cependant
des années où la saison est si favorable, que presque partout
les plantes de trèfle s'annoncent comme porte-graines ; dans ces
cas exceptionnels, le cultivateur peut, avec confiance, destiner à
la semence une partie considérable de son trèfle, parce qu'alors,
la récolte de la graine est certaine, qu'elle sera abondante et
que cette semence se peut facilement conserver.

On peut aujourd'hui battre le trèfle à la machine au moyen
d'un appareil approprié à cette usage ; mais cette opération a
ses désavantages : elle dérange la marche ordinaire des chevaux
du manége et détruit les pailles en les réduisant en poussière.
Le battage au fléau par des gelées sèches, conserve ici la su-
périorité.

FÉVEROLLES.

Si l'on veut utiliser les tiges de la féverolle et éviter l'égrenage, il ne faut pas attendre pour les couper, que toutes les
plantes soient complétement mûres. Les féverolles coupées dans
ces conditions, demeurent deux jours au plus en javelles sur la
terre ; on les lie ensuite et les bottes, dressées sur leur base,
sont successivement appuyées en faisceau, trois à trois, l'une
contre l'autre ; elles restent dans cette situation jusqu'à parfaite
dessication.

Comme il est avantageux de labourer immédiatement, après
la récolte, la terre qui a porté les féverolles, ou de la passer au
moins à l'extirpateur, il serait bien de porter sur une seule ligne,
dans la raie séparative, la récolte de deux champs, afin d'avoir
au plus tôt le plus de terrain possible à labourer.

POMMES DE TERRE.

S'il n'y a rien à dire de particulier sur la récolte de la pomme
de terre dont chacun connaît le moment et les détails, qu'il me

soit permis d'exprimer ici le regret de ne point encore voir sui-
vies d'un succès complet, les sérieuses recherches auxquelles
tant d'hommes éminents se sont livrés pour trouver un remède à
la maladie qui semble menacer la conservation de ce tubercule
précieux. La découverte de ce remède tant désiré, rendrait
un service immense à l'agriculture.

LUZERNE.

La troisième coupe de luzerne, bien séchée et rentrée sans
pluie, fournit un fourrage de bonne qualité, plus convenable
cependant aux bêtes à cornes et aux moutons qu'aux chevaux.

REGAIN.

Le regain se coupe et se travaille comme le foin ; seulement,
il est plus difficile d'obtenir la complète dessication du premier
que du second ; l'herbe elle-même et la saison y font obstacle.
Il faut donc apporter tous ses soins à ce travail ; malgré la réussite,
il est encore prudent en rentrant le regain sur le grenier, de le
mélanger de paille de froment ou d'avoine, dans les proportions d'un tiers. La paille absorbe l'humidité que ne manque pas
de ramener la fermentation ; elle préserve le regain et se bonifie
elle-même.

Les récoltes sont à-peu-près terminées ; il ne reste plus que
les betteraves qu'on rentrera plus tard et déjà le cultivateur,
que tant de soins de toute nature viennent d'absorber, sans avoir
même le temps de se réjouir des succès de ses travaux passés,
doit tourner immédiatement ses regards vers l'année qui arrive.
C'est maintenant, en effet, que commencent les labours sérieux
des semailles d'automne.

FUMIERS.

Le premier soin du cultivateur qui se dispose aux labours,
doit porter sur la conduite des fumiers disponibles, afin que
plus tard ces transports ne puissent gêner en rien les cultures,

Les fumiers conduits dans les champs désignés, on se met immédiatement à labourer.

SEIGLE.

Semailles. — Le seigle ne demande aucune préparation avant d'être semé. Le terrain qui lui convient le mieux est une terre légère et sablonneuse ou bien ameublie ; on doit éviter de labourer le sol qu'on lui destine, pendant qu'il est imbibé d'eau, la plante en souffrirait à la sortie de terre.

Il faut deux hectolitres de seigle par hectare.

Les cultivateurs qui ne sèment le plus souvent du seigle que juste pour se procurer la quantité de paille nécessaire à leurs besoins, feraient bien d'en semer un peu plus, car cette céréale fournit au bétail, dès le premier printemps, une excellente nourriture en vert, qui dispose bien les bêtes aux luzernes si substantielles qui viennent après.

LABOUR.

Terres à blé. — On commence par les terres qui sont libres, soit qu'elles se trouvent en jachères ou qu'elles aient été débarrassées de leur récolte. Dans les terres fortes, il est utile que cette préparation soit faite longtemps à l'avance. On ne sème pas ordinairement le blé avant le 20 septembre, et depuis cette époque, on continue sans interruption presque jusqu'à la fin d'octobre.

Les blés semés de bonne heure, donnent ordinairement un produit supérieur à celui de ceux semés trop tard ; on ne doit donc rien négliger pour ne pas se laisser attarder dans les semailles.

Comme nous l'avons dit, si les terres sablonneuses conviennent aux seigles, le froment préfère un sol un peu consistant tout en s'accommodant encore bien d'autres terrains ; ce ne sera toutefois qu'à la condition que le cultivateur, usant des moyens d'amélioration révélés par le progrès, les aura, selon leur nature, en quelque sorte transformés pour les rendre propres à la culture du blé.

SEMENCE.

Choix. — Il est presque toujours utile de renouveler la semence; on ne changeait de blé autrefois, que lorsqu'il était absolument trop envahi par des graines étrangères, et l'on allait alors chercher, dans un rayon rapproché, des blés régénérateurs venus dans un autre sol.

Depuis l'établissement des chemins de fer, la facilité des communications a permis l'introduction des blés de la Brye et de la Beauce comme blés de semence, voir même celle des blés anglais. Les qualités de ces différentes sortes de blés sont précieuses; la végétation est plus forte, l'épi plus beau, le grain plus abondant; ils sont peut-être un peu délicats, notre climat variable ne leur serait-il pas défavavorable?

CHAULAGE DU BLÉ.

Les blés destinés à être semés doivent avoir été trempés dans de l'eau de chaux. Il y a différents procédés de chaulage : le plus simple consiste à employer par hectolitre de blé un litre ou un litre et demi de chaux réduite en poudre, un demi-kilogramme de sel et huit à dix litres d'eau.

Quant on fait fondre une certaine quantité de chaux à la fois, il faut tâcher qu'elle soit employée assez à temps, pour n'avoir rien perdu de sa force; la laisser attendre, c'est compromettre ses effets; il est en tout cas nécessaire de couvrir exactement la chaux dont on ne se sert pas immédiatement.

ENSEMENCEMENT.

En général, on sème le froment à la volée à raison de deux hectolitres par hectare. Cette quantité varie un peu selon le moment des semailles; les premiers blés semés demandent peut-être un peu moins que deux hectolitres, tandis que les derniers en exigent un peu davantage. Les terrains qui ont porté du trèfle ont besoin d'un sixième de semence en plus que tous les autres.

La régularité dans le répartition du blé semé, est une chose très-importante; car si la graine se trouve plus épaisse en un point qu'en un autre, ce ne peut être qu'au détriment de l'un et de l'autre point; dans le premier, les plantes se gênent, poussent mal et n'aboutissent qu'à des épis chétifs; dans le second, la rareté de la plante laisse aux mauvaises herbes le champ trop libre pour qu'en se développant rapidement, elles ne; nuissent pas bientôt à sa végétation.

On a beaucoup parlé du semoir pour semer les blés; l'emploi de cet instrument, il est vrai, assure une économie dans la semence tout en donnant des garanties contre la maladresse du semeur, mais ce moyen se propage difficilement dans notre agriculture. Dans les Pays-Bas, où la nature même du sol rend l'usage du semoir très-facile et où les cultures à plat sont d'ailleurs admirables, on ne rencontre également que très-peu de ces instruments; on préfère semer à la volée. A voir leurs blés sortir de terre, on reconnaît au reste l'habileté des semeurs tout comme on apprécie l'intelligence du laboureur à l'ensemble de la culture.

HERSAGE.

Dès que le blé est semé, il faut le recouvrir. Cette opération se fait avec la herse; on comprend aisément toute son importance, car il faut non-seulement que chaque graine soit bien enfermée en terre, mais que la terre qui la cache, soit assez meuble pour ne pas faire obstacle à la germination; que le cultivateur veille donc attentivement sur ceux qu'il charge de ce travail. Cependant, dans les terres fortes, on peut ne pas trop se préoccuper des quelques gazons qui résistent au hersage. Après les gelées, au printemps, ils se fondent facilement, et le moindre coup de herse, répartit également partout la terre qu'ils procurent; la végétation de la plante en profite.

On ne doit pas quitter les pièces de terre après l'ensemencement du blé sans avoir relevé les raies d'écoulement; remettre cet ouvrage au lendemain, c'est souvent vouloir l'oublier et courir la chance de ne le plus pouvoir faire en temps opportun.

Les pluies survenant, quand on y revient, on trouve les blés
levés, et les terres fraîches, et la charrue et les chevaux laissent
des traces nuisibles.

SEMIS DE PLANTES HERBACÉES.

On peut faire en septembre des semis de graines de prés
pour la création d'une prairie ou d'un pâturage ; ces sortes de
semis se font en automne sans mélange de céréales. Les herbes
poussent rapidement quand le terrain a été bien ameubli par
la charrue et la herse : au printemps suivant on peut y trouver
déjà une récolte appréciable.

CHEVAUX.

En septembre, on met ordinairement ici les chevaux en pâture dans les champs de jeune trèfle ; cette nourriture leur est
très-profitable et leur plaît ; ils vont volontiers la chercher. La
liberté dont ils jouissent, favorise surtout le développement des
jeunes poulains.

BÊTES A CORNES.

Les bêtes à cornes continuent à se nourrir dans les prairies ;
on complète leur nourriture, quand celle des prés devient insuffisante, en les laissant pâturer dans les vieux trèfles avant
que la charrue ne les retourne.

MOUTONS.

Dans notre contrée, septembre est le mois le plus convenable
pour laisser les brebis prendre le mâle ; comme elles portent environ cinq mois, la naissance des agneaux se trouve reportée
en février, moment favorable pour amener ces jeunes bêtes en
situation de bien supporter les chaleurs et les fatigues de l'été.

Il est important que les béliers soient bien choisis et disposés
à l'avance à ce service par une nourriture substantielle et soutenue ; ils ont besoin de bon fourrage et d'avoine.

Deux béliers suffisent à cent brebis, mais il vaut mieux en avoir trois. Quand on veut avoir ses agneaux à-peu-près ensemble, chose toujours avantageuse, le berger d'un troupeau qui fréquente les champs, doit prévenir, dès le mois d'août, tout accouplement, car les brebis à cette époque se prêtent déjà aux mâles. On revêt alors les béliers d'un tablier qui, attaché sur le dos de la bête, demeure suspendu de façon à faire obstacle à tout rapprochement. Lorsque le moment arrive d'abandonner les femelles aux mâles, pour éviter les combats que ne manqueraient pas en cette circonstance de se livrer les béliers entre eux, on ne laisse jamais à la fois qu'un mâle avec les brebis, et chaque jour on le change : les mâles n'en sont que plus aptes à leur fonction.

Le moment propice passé, on retire les mâles pour ne les rendre que plus tard aux brebis dont on reconnaîtrait la non fécondation.

Les moutons trouvent en ce mois toute leur nourriture dans les champs de chaume ; elle y est en général alors très-abondante. Les bergers doivent veiller avec un soin particulier, à ce que les brebis n'engraissent pas trop ; si l'hiver les surprend dans un état d'embonpoint trop considérable, il leur arrive souvent une fonte de graisse pernicieuse à elles-mêmes et surtout aux agneaux qu'elles portent.

OCTOBRE.

LABOURS ET SEMAILLES (*Suite*).

Les semailles commencées en septembre se poursuivent avec une activité toujours croissante en octobre : le cultivateur diligent doit faire tous ses efforts pour que cette besogne s'avance dans la première quinzaine du mois, car le meilleur temps se passe avec cette époque.

L'élément essentiel des promptes semailles repose dans de bons attelages. De là, la nécessité de s'occuper encore avec plus de vigilance que jamais de la nourriture des chevaux ; ils ne doivent plus, comme en septembre, aller en pâture, mais bien recevoir, à l'écurie, des rations de bon fourrage et d'avoine proportionnelles aux travaux qu'on leur demande.

Un cultivateur prudent a toujours, pour ces moments de fort travail, une réserve de quelques hectolitres de vieille avoine qui ne manque pas de produire un bon effet. N'en aurait-il en quantité suffisante que pour pouvoir fournir des rations où elle ne figurerait que pour moitié, son influence n'en serait pas moins remarquable.

BETTERAVES, CAROTTES.

Pendant la seconde quinzaine du mois, on arrache les betteraves et les carottes. Après l'arrachement, au lieu de les laisser éparses sur la terre, on les réunit en divers tas. Dès qu'on le peut, on procède au nettoyage, opération qui consiste à détacher la terre demeurée adhérente aux racines et à couper les feuilles. Le nettoiement terminé, on les ramène à la ferme et si l'on n'a pas de caves assez vastes pour les y loger, on les place à la porte dans des silos creusés à cet effet.

FOSSÉS.

Les semailles terminées, et les raies d'écoulement des pièces de blé ouvertes, le cultivateur porte ses soins aux fossés de recueillement, afin que, pendant l'hiver, leur obstruction n'amène aucune inondation.

Il devra donc faire une inspection générale et s'assurer que l'ensemble de son système d'écoulement des eaux ne laisse rien à désirer et, dans le cas contaire, ordonner immédiatement les curages nécessaires.

BÊTES A CORNES.

Les bêtes à cornes poursuivent leur nourriture aux champs. Elles ont toujours les prairies, et quand la pluie n'est pas venue en rendre l'usage dangereux pour elles, les pièces de jeune trèfle où les chevaux ont dû nécessairement laisser encore de la pâture. Si cette jeune plante n'est pas mouillée elle-même, mais que la pièce soit détrempée, il faut en interdire au bétail le parcours pour éviter les traces de son passage alors dangereux à la plante.

MOUTONS.

Les cultivateurs qui s'occupent de moutons ont en octobre une chose essentielle à pratiquer ; la vérification de l'état sanitaire.

Si l'on achète des moutons qu'on cherche toujours à savoir leur origine, et la direction de leur entretien précédent, car il arrive bien souvent qu'on tombe sur des bêtes dont le propriétaire a tenté en vain une première fois l'engraissement, et comme elles n'ont pu, par une cause quelconque, devenir entre ses mains, bonnes pour la boucherie, il s'empresse de s'en débarrasser en les vendant comme bêtes propres à nourrir.

Personne n'ignore la différence des soins à donner aux moutons qu'on veut engraisser, et à ceux qu'on veut seulement nourrir pour conserver. Les premiers sont conduits à la pâture à toute heure du jour sans qu'on doive même se trop inquiéter du temps, tandis qu'il est bon d'éviter pour les seconds, les matinées fraîches et les journées pluvieuses. Il résulte de là, que celui qui a acheté des moutons avec lesquels on a échoué à l'engraissement, peut, quelque temps après son acquisition, voir tout-à-coup se déclarer des maladies pernicieuses : elles ne sont pourtant que la conséquence naturelle du régime antérieur. Et la visite que l'on fait des bêtes que l'on achète, ne nous révélerait-elle pas le moindre indice d'une prédisposition maladive, qu'il ne faudrait point encore s'étonner plus tard d'un fâcheux événement, tant il est difficile d'apprécier avec certitude la situation vraie de la santé du mouton. Voici, au reste, les signes auxquels on reconnaît cette situation : en saisissant le mouton par la patte, car il faut bien éviter de le prendre par la toison à cause de sa sensibilité, on sent à l'action que met la bête à sortir de cette étreinte le degré de sa vigueur. Une bête malade se défend peu, ou point. On s'assure encore de la force en opérant avec la main une pression sur les reins : le mouton sain supporte l'effort et le malade s'affaisse. En ouvrant la laine au défaut de l'épaule gauche, à la hauteur de la région du cœur, le mouton sain présente une peau d'un rouge prononcé, tandis que, s'il souffre, la peau est pâle ; mais la marque essentielle est l'œil : en l'ouvrant, les paupières, à l'intérieur, doivent être d'un rouge vif, et la veine du coin de l'œil doit être bien apparente. Un œil à paupières décolorées et sans veine saillante, révèle certainement des symptômes de cachexie.

Ces différents signes se manifestent presque toujours en même temps ; leur coïncidence sur le même sujet, ne permet aucun doute.

Si le cultivateur, au lieu d'avoir à acheter des moutons, possède un troupeau permanent, il doit également procéder à un scrupuleux examen de chacune des bêtes qui le compose. Il se défera des moutons chez lesquels il a remarqué dans l'année quelques défauts, et de tous ceux qui lui laisseraient la moindre appréhension de maladie ; que tout ce qu'il conserve lui offre les meilleures garanties pour l'hiver qui approche. Il sait d'ailleurs mieux que personne la manière dont son troupeau a été conduit et l'état de sa santé.

ATTIRAIL DE CULTURE.

Dès que les travaux des semailles sont terminés, tout l'attirail de la culture doit être rentré et mis à couvert pour ne plus sortir qu'au printemps suivant.

Les objets qu'on peut encore avoir à employer se remisent également ; il est bon, pour éviter toute détérioration, de ne les point laisser exposés aux fraîcheurs des nuits. De semblables précautions doivent même s'appliquer aux charrues, car on n'est jamais certain, en cette saison, de pouvoir aller labourer deux jours de suite.

NOVEMBRE.

Dès le mois de novembre on bat des grains. Les paiements à cette époque ont leur importance ; les moissonneurs ont besoin de leur part de blé ; ne faut-il pas ensuite le froment nécessaire à un approvisionnement qui mette à l'abri du chaumage des moulins ?

Pendant les derniers beaux jours de la saison se pratiquent des labours d'hiver. On conduit les fumiers qui se sont accumulés depuis la mi-octobre, moment où a cessé le transport de ceux employés par les semailles. Il est important de se préparer de la place pour l'hiver. On peut encore, au reste, les enfouir immédiatement par la culture.

Les rigoles d'écoulement sont à surveiller avec soin, afin de s'assurer que des taupinières ou tout autre obstacle ne sont pas venus obstruer le passage des eaux.

C'est aussi le moment de faire les drainages. Dans ces sortes d'opérations, il faut éviter que les tranchées demeurent trop longtemps ouvertes, car une pluie ou la moindre gelée, peuvent occasionner des éboulements qui amènent un surcroît d'ouvrage toujours très-désagréable.

CHEVAUX.

La ration d'hiver pour les chevaux diffère de celle des mois précédents : les travaux n'ont plus la même activité et les ressources alimentaires ne sont plus les mêmes.

La carotte fourragère est déjà bien appréciée : cette nourriture rafraîchissante vient en effet fort à propos après les semailles d'automne refaire les chevaux fatigués ; à l'aide de cette racine, on parvient assez promptement à les remettre en état. Voici comment il est convenable, à cette époque de l'année, de diriger l'alimentation de ces animaux : le repas du matin peut consister en deux kilogrammes de foin et quatre kilogrammes et demi de carottes ; à onze heures, des débris de pailles de blé ou autre et quatre kilogrammes et demi de carottes, et le soir deux kilogrammes de foin et deux litres d'avoine. Après chacun de ces repas, de la paille de blé à discrétion. Avec une telle nourriture, les chevaux reprennent bientôt toute leur vigueur sans qu'ils soient le moins du monde gênés par le travail de la mécanique ou tel autre de circonstance qu'on pourra leur imposer. Si l'on n'avait point assez de carottes pour continuer pendant l'hiver la distribution de la même quantité à deux repas, on remplacerait à un des deux repas les quatre kilogrammes et demi de carottes par deux litres d'avoine.

BÊTES A CORNES.

Depuis la fin d'octobre les bêtes à cornes sont nourries à l'étable, pour ainsi continuer jusqu'à la fin de mai. Il est important que le cultivateur ait pensé à tout ce qui lui est nécessaire pendant ces sept mois, car pour bien faire, il faut que le bétail reçoive le dernier jour la même ration que le premier.

Pour mieux se rendre compte de ses ressources, on fait bien de séparer sur le grenier le fourrage destiné aux bêtes à cornes, de celui destiné aux chevaux. Le nombre de voitures indispensable à chacun de ces services, a dû être inscrit et son poids approximativement évalué.

Les betteraves elles-mêmes ont dû être soumises à une appréciation en poids au moment du déchargement. Pour ce faire, on vide une voiture dans des paniers que l'on porte tous successivement sur une balance ; le nombre de quintaux de la première voiture, indique à-peu-près celui de toutes les autres.

A l'aide de ces différentes données, on détermine la ration que chaque bête recevra par jour en fourrage et en racines. La quantité du foin est proportionnelle au poids du repas en racines.

La préparation des betteraves se fait promptement au moyen du coupe-racines ; mais il est utile pour faciliter les mélanges, de diviser encore les tranches de betteraves ainsi obtenues. On

se sert pour cette seconde opération, d'un instrument qui consiste en une lame de couteau en forme d'un **S**, tranchante d'un
côté et attachée à angle droit à l'extrémité d'un long manche.

On l'emploie de la même manière que les paveurs se servent
de la dame, avec cette différence, que la dame bat et que cet
instrument taille.

Les bêtes à cornes ont ordinairement deux repas par jour.
Le matin à cinq heures, on leur distribue, par exemple, deux
kilogrammes et demi de foin par tête; dès qu'elles l'ont mangé,
on les conduit à l'abreuvoir. A leur rentrée à l'écurie, elles
trouvent dans la mangeoire environ trois kilogrammes et demi
de betteraves mélangées avec des menues pailles de blé, avoine
ou colza.

Ce repas terminé, elles ont à leur disposition au ratelier, une
paille quelconque en assez grande quantité pour que ce qu'elles
en laissent suffise à leur litière.

Le soir, à trois heures, recommencent exactement les mêmes
distributions.

Pour opérer ces mélanges de betteraves et de menues pailles,
le mieux est d'avoir dans l'écurie même ou dans une pièce à
proximité, une espèce de trou carré, revêtu de ciment à ses
parois intérieures, où l'individu préposé à ce service, jette les
betteraves et les menues pailles. Pour donner à cette nourriture
une qualité supérieure sans en augmenter beaucoup le prix de
revient, on prend la précaution de faire chauffer une certaine
quantité d'eau, dans laquelle on met par vingt bêtes, vingt
litres de son, un kilogramme de sel et cinq kilogrammes de
poudre de pain d'huile. On remue le tout ensemble et l'on jette
cette eau sur les betteraves et la menue paille. Il ne doit y
avoir juste que la quantité d'eau susceptible d'être complète-
ment absorbée par la menue paille.

Les bêtes à cornes sont très-friandes de ces préparations. Les
proportions indiquées précédemment pour la nourriture d'une
bête, n'ont rien évidemment d'absolu, c'est une moyenne qu'un
vacher intelligent varie selon la position et la nature de chacune
des bêtes confiées à ses soins.

Il est bien entendu que les vaches continuent à recevoir plus rigoureusement que l'été, les pansages qui entretiennent leur propreté et que leur écurie est nettoyée tous les jours et leur fumier enlevé au moins tous les deux jours.

MOUTONS.

Les moutons trouveraient encore à se nourrir dans les champs si les pluies qui durent quelquefois alors des jours entiers, ne devenaient souvent un obstacle à leur sortie.

Qu'ils sortent ou ne sortent pas, tous les jours, matin et soir, il est bon de leur donner de la paille de blé : les jours où ils demeurent enfermés, on remplace la pâture par du foin. Quand ils sortent, il ne faut les lacher que vers dix ou onze heures après la grande humidité des matinées.

Si j'étais appellé à donner mon avis sur l'utilité qu'il y a à faire brouter aux moutons les restes d'herbes qui sont encore dans les prés à cette époque, je dirais que pour les prés et pour les moutons, c'est une chose également nuisible, et dont on doit s'abstenir.

Dans les prés, le mouton, par sa manière de saisir l'herbe tout près de terre, l'arrache souvent ; il détruit ainsi des plantes ou nuit à celles qu'il laisse, et lui-même, pour peu que la prairie soit fraîche, est exposé, en ce moment là, plus qu'en tout autre, à contracter les germes de la pourriture. Quand on songe que quinze jours suffisent à leur développement chez le mouton sain et que chez ceux atteints du mal il devient bientôt sans remède, on ne saurait prendre trop de précautions pour les mettre à l'abri de l'humidité. Les lieux humides leur sont tellement pernicieux, que la terre qui leur reste collée aux onglets au sortir d'un chemin boueux, n'est pas même sans danger pour eux, tant ce sont des bêtes délicates.

DÉCEMBRE.

On fait généralement peu de travaux dans les champs au mois de décembre. Quand il se présente cependant quelques beaux jours, on fait bien d'en profiter pour continuer les labours d'hiver demeurés inachevés en novembre et aussi pour conduire les fumiers disponibles; laisser échapper ces bonnes occasions, c'est courir le risque de ne plus les retrouver de longtemps.

BATTAGE.

Le battage des grains à la mécanique est en pleine activité; presque tous les jours y sont consacrés. Les choses essentielles dans ce travail, sont une présentation uniforme des gerbes à la machine, et la régularité dans la traction des chevaux. La moindre négligence de la part de ceux qui participent à l'opération, entraîne un désordre funeste dans la marche de la machine. Et quand il est causé par des à-coup dans les mouvements des chevaux, ces derniers ne tardent pas à se fatiguer d'une marche ainsi saccadée.

ESPÈCE PORCINE.

Engraissement. — On engraisse des porcs dans toutes les fermes si non par spéculation, du moins pour les besoins domestiques.

Quelquefois on met à l'engraissement les cochons d'un an, mais on fait bien d'attendre qu'ils aient atteints dix-huit mois à deux ans, quand on veut obtenir un lard apprécié par les ménagères; il y a d'ailleurs à cet âge une diminution réelle dans le prix de revient par suite du poids plus considérable auquel parviennent en général des bêtes plus âgées.

Deux repas par jour sont suffisants pourvu qu'ils soient copieux : il faut cependant prendre garde qu'ils le soient trop, car si les porcs laissaient dans l'auge de la nourriture, il pourrait bien se déterminer chez eux un dégoût funeste.

La nourriture à leur donner varie beaucoup. L'orge, l'avoine, les pois , les féverolles surtout, et les racines leur conviennent. La base essentielle est la pomme de terre ; mais il faut pour soutenir leur appétit, que ce tubercule soit toujours accompagné de son ou d'autres farineux. Si même pour mieux faire encore, on ne compose un de leurs repas en pois ou en féverolles trempés dans l'eau environ vingt heures à l'avance.

Dans beaucoup de fermes on fait cuire les pommes de terre à la vapeur au moyen d'un tonneau : c'est tout à la fois plus d'économie et de facilité pour la cuisson. L'eau bouillante, en effet, peut très-bien s'appliquer aux préparations des aliments destinés aux bêtes à cornes, dont il a été précédemment question.

Ceux qui possèdent des distilleries peuvent appliquer avec avantage aux porcs la partie de résidus qu'ils ne donneraient pas au bétail.

Les soins que réclame la race porcine, ne sont pas seulement renfermés dans ceux de l'engraissement. Ces animaux dont il est dit dans nos campagnes que l'âge est sur le grenier, ont besoin en tout temps d'être surveillés ; ce n'est qu'à la condition d'une certaine permanence de bien-être, que ce proverbe peut être vrai. Ceux qu'on destine maigres à l'engraissement, mettent au moins quatre mois pour parvenir à leur développement complet, tandis que s'ils sont dans un état d'entretien ordinaire, il ne leur faut que trois mois environ.

Dans les Pays-Bas on a l'habitude d'engraisser les porcs dans un âge plus avancé et de leur faire boire une quantité considérable de lait doux. Le poids de ces animaux dépasse souvent 250 kilogrammes.

MOUTONS.

Au mois de décembre les moutons ne peuvent rien trouver dehors ; le temps, d'ailleurs, est ordinairement devenu si mauvais, qu'ils ne sortent plus que pour boire et se promener un peu. Il faut donc les nourrir à la bergerie.

Comme on sait d'avance la quantité des bêtes de son troupeau et l'obligation où l'on sera de les nourrir complétement à la maison pendant au moins trois mois, on a dû mettre à part un tas de foin destiné à leur usage.

Par jour, chaque tête recevra un kilogramme de fourrage en deux repas. Si l'on y ajoute quelques racines et de la menue paille, ce sera mieux. On donne, en tous cas, après chaque repas, une ration assez forte de paille. Les moutons n'en mangent que ce qui leur convient et le reste est retiré du ratelier, soigneusement bottelé par le berger et mis de côté comme réserve de litière pour les mois d'été.

Il est bon de varier quelquefois leur nourriture en substituant au fourrage d'un repas, des pailles de pois ou de féverolles. La petite économie de foin qui en résulte, trouvera certainement un jour sa place, dans le courant de mars ou d'avril.

La gestation des brebis commence à s'avancer ; il devient important que le berger, pendant que les. bêtes sont dehors, surveille ses chiens. Les mouvements brusques que ces animaux occasionneraient aux brebis, pourraient avoir leurs dangers. Une course, une épouvante, amènent facilement un avortement. Ces sortes d'accidents arrivent encore à la suite des pressions que peuvent éprouver les mères en rentrant à la bergerie par une porte trop étroite. Il faut donc, quand on a l'habitude de faire sortir tous les jours les bêtes pour disposer plus commodément le fourrage dans les rateliers, que le berger veille attentivement à éviter tout encombrement.

Pour bien faire passer l'hiver à un troupeau, il faut qu'il soit, comme nous l'avons dit, exempt de pourriture, et qu'il n'offre pas davantage de traces de gale, car cette dernière maladie, naturellement contagieuse, envahirait bientôt la bergerie toute entière et ferait essuyer des pertes incalculables. Les troupeaux étrangers qu'on voit souvent passer et qui s'arrêtent chaque jour dans une nouvelle auberge, courrent à cet endroit des dangers si imminents, qu'il est toujours prudent, à celui qui les achète, de bien s'assurer de leur propreté. Il faut de même avoir soin que son troupeau ne soit jamais mis en contact avec celui du voisin ; on ne sait pas en effet la situation vraie de ce dernier, et quand on songe que la propagation du mal se fait avec la rapidité avec laquelle en quelque sorte le feu dévore une maison, on ne saurait trop faire pour fuir le mal : quand par malheur il est là, on ne peut mettre trop d'empressement à en arrêter la marche.

Les premiers boutons qui apparaissent ne sont pas sans remède. Il suffit que le berger avive la place du bouton et l'enduise ensuite d'huile de tabac ; tout berger porte une corne dans laquelle il a ce remède. On l'appelle huile de tabac quoiqu'il ne soit, à vrai dire, qu'une décoction forte de cette plante, à laquelle on ajoute parfois un peu d'essence de térébenthine.

Si la gale se déclarait plus en grand, il n'en faudrait apporter à ces soins que plus d'énergie : dès que l'on parvient à une guérison générale, la bergerie doit être soigneusement nettoyée, blanchie à la chaux vive et quelque temps soumise à l'air avant d'y remettre des moutons, si l'on ne veut pas que le mal incrusté, pour ainsi dire, dans les parois de l'étable, ne reparaisse bientôt avec une nouvelle violence.

En outre de la gale, les moutons sont encore exposés à d'autres maladies, le piétain et le claveau, maladies contagieuses qui font de grands ravages dans les troupeaux ; le tournis et le coup de sang, maladies qui ne sont qu'individuelles. Le piétain se contracte par la fréquentation de terrains trop humides, ou par le contact d'un troupeau qui en est atteint, quoique cette maladie ne compromette pas véritablement la vie des moutons, elle leur nuit cependant essentiellement en déterminant chez eux l'amaigrissement. Le claveau est une maladie qui pour être plus rare, n'en est que plus funeste. Elle est analogue à la variole et se guérit par inoculation. Les causes qui la produisent sont difficiles à indiquer. Plus qu'aucune autre, elle se propage par le contact : elle est si vite mortelle, qu'il faut ne pas négliger le moindre instant pour y porter remède.

Le coup de sang se présente plus particuliérement chez les moutons dont la nourriture a été longtemps substantielle : la saignée pratiquée à temps est le seul moyen de guérison efficace. Le berger qui pendant la nuit ne se réveillerait pas aux plaintes d'une bête qui serait atteinte de ce mal, pourrait bien la trouver crevée le matin à son réveil.

Le tournis est une maladie dans laquelle les moutons tournent et exécutent des mouvements convulsifs. Elle sévit principalement sur les bêtes de deux ans. On dit cette maladie causée par le ver-coquin, sorte de petite chenille qui se trouverait dans le cerveau de l'animal ou par une vésicule pleine d'eau qui se formerait également vers la région cérébrale. Quoique cette maladie ne soit pas sans guérison, il vaut mieux se défaire au plus vite des moutons qui en sont atteints, car en les conservant, en outre des peines souvent inutiles qu'entraîne leur traitement, on ne les voit que dépérir et bientôt on perd sur chaque bête la moitié de leur valeur et souvent d'avantage.

Dans des circonstances graves où une maladie contagieuse a envahi un troupeau, il est prudent d'appeler les personnes dont l'expérience et le savoir sont généralement reconnus.

LOUAGE DE DOMESTIQUES.

C'est au 25 décembre que se louent ordinairement, dans le département de la Moselle, les domestiques de ferme.

On se plaint communément des serviteurs qu'on rencontre. Et déjà, comme moyen de moralisation, on a demandé que chacun d'eux soit muni d'un livret ; mais, jusqu'à présent, cette mesure n'a été mise que bien rarement en pratique. Il est à regretter qu'une loi ne rende point les livrets obligatoires pour les serviteurs ruraux. Les cultivateurs et les ouvriers s'en trouveraient bien les uns et les autres. Le cultivateur aurait dans le livret une espèce de certificat de garantie sur la conduite à venir de l'ouvrier, et l'ouvrier une assurance contre des exigences exagérées. A la place de ce contrat écrit qui assurerait la tradition, que trouve-t-on aujourd'hui ?

Des jeunes garçons qui sortis la plupart du temps de chez leur père dès l'âge de 13 ou 14 ans, se sont trouvés sans éducation première aucune, abandonnés souvent à la seule direction de domestiques, que le temps et l'usage n'ont point améliorés et qui ne peuvent avec les idées de mobilité auxquelles ils cèdent toujours, ne laisser à ceux avec lesquels ils sont en contact, que des exemples fâcheux. Ils se présentent sans garantie. Comment pourraient-ils au sortir d'une ferme où les travaux sont parfois abandonnés à de pareils serviteurs, connaître les devoirs qu'imposent une agriculture dirigée avec méthode? Les maîtres peut-être aussi, ne manquent-ils pas eux-mêmes de cette volonté ferme qui s'étend non-seulement aux travaux, mais encore à la manière dont le personnel les accomplit? Les quelques anciens serviteurs qu'on rencontre parfois dans certaines exploitations, sont cependant une preuve qu'avec une bonne direction, les cultivateurs peuvent s'attacher des premiers valets qui les comprennent et les servent bien. Je sais bien, après cela, que les industries qui se développent sans cesse offrent aux ouvriers intelligents un appât de salaire auquel ils ne résistent pas. Mais quoiqu'il en soit, le nombre de ceux qui restent attachés aux travaux des champs, est encore assez considérable pour qu'on puisse, avec du soin, parvenir à se créer un personnel de ferme plus convenable.

Si l'on demande aux garçons de ferme de la bonne volonté au travail, du zèle dans les soins qui leur sont confiés, il faut qu'en compensation des peines qu'ils se donnent, ils reçoivent un salaire raisonnable et que surtout, ils sentent l'intérêt qu'inspire au maître leur bonne conduite, et comprennent le bénéfice qui résultera pour eux un jour des habitudes d'ordre que la direction à laquelle ils se sont confiés leur impose.

Si le profit est notre guide à tous, il faut, tout naturellement, pour opérer les réformes qu'on désire, que tous ceux qui les réclament, comprennent bien les exigences de la situation, que tous nous travaillions avec persévérance dans la seule voie qui puisse amener l'amélioration.

Il n'est pas douteux, que dès que cette question capitale des valets de ferme sera plus étudiée, le législateur ne vienne

en aide aux agriculteurs ; le moment de l'intervention de la loi
dépend de leurs efforts.

La bienvaillance avec laquelle vous avez accueilli ces essais
sur les travaux de chaque mois, m'encourage à terminer ce
travail par quelques considérations générales en dehors de l'enseignement agricole proprement dit.

Tous les détails dans lesquels je suis entré ont leur importance : les praticiens les apprécieront, je l'espère. Si quelques
observations essentielles malgré l'étendue considérable des développements semblent m'avoir échappé, l'expérience de chacun y suppléera facilement : rien n'est supérieur à une pratique
servie par l'intelligence.

Ceux qui s'adonnent à l'agriculture comprennent mieux que
personne, que le plus ou moins de bénéfices qu'ils retireront
des diverses branches constitutives d'une économie, dépend
de leur degré de pénétration dans l'appréciation de chacune
d'elles.

Pour assurer aux meilleurs procédés les plus heureuses conséquences, le cultivateur doit ne pas perdre de vue, que l'ordre
dans la tenue générale de ses affaires est indispensable.

Ceux qui ne connaissent point la science du teneur de
livres, devront donc y suppléer selon leurs moyens. Il est essentiel, en tous cas, que pour se rendre un compte rigoureux de
leur avoir, les cultivateurs aient des registres où ils consignent
jour par jour, semaine par semaine, si cela leur est plus
commode, la série de leurs opérations, afin qu'en juin, par
exemple, époque de transition, où les produits épuisés d'une
année, sont à la veille d'être remplacés par ceux de l'année
courante, un inventaire rigoureux les renseigne sur ces opérations.

Ils sauront, par ce moyen, combien ils ont récolté en céréales
de toute nature, en fourrage de chaque espèce ; quel a été le
mouvement de leur bétail ; ce qu'ils en ont acheté et vendu ;

combien leurs chevaux leur ont coûté ; quel a été le bénéfice des moutons ; combien de voitures de fumiers ont été conduites dans leurs terres ; à quel prix la main-d'œuvre s'est élevée ; quelles ressources a offert la partie soignée par la ménagère ; quelles dépenses générales et spéciales ont été faites ; de la comparaison des résultats de ces divers comptes, sortira avec évidence pour eux la vérité de leur situation. Ils puiseront là de salutaires enseignements pour l'avenir et assureront d'année en année leur expérience sur des bases plus solides.

Que la marche que s'est imposée le cultivateur devienne également pour lui-même l'obligation la plus absolue, afin que de sa régularité personnelle dans l'accomplissement de son œuvre, découle naturellement celle de tous ses serviteurs, chacun dans sa sphère. Pour toujours sauvegarder l'ordre si précieux dans son agriculture, il faut qu'il ait une volonté ferme et une autorité que rien ne contredise. Cette autorité s'exercera d'autant mieux, que son commandement, sans être dur, demeurera exempt de faiblesse et révélera chez lui une bienveillance sérieuse pour tous ceux qui l'approchent.

L'ouvrier s'attache volontiers à un maître sévère et juste, dès qu'il s'aperçoit que les exigences auxquelles il est soumis, doivent, non-seulement servir les intérêts du maître, mais encore les siens propres bien entendus. Il est porté tout naturellement alors à respecter celui qui, tout en lui fournissant les moyens de son existence matérielle, exige de lui, par ses soins en quelque sorte paternels et par son exemple, une moralité qui rehausse l'homme dans quelque condition qu'il soit placé.

Pour tout ce qui concerne les travaux des champs et les soins à donner au bétail, l'autorité du maître est absolue. La suite dans les efforts est le gage le plus certain des succès. Le maître qui après mûr examen a choisi les éléments sur lesquels il veut surtout faire reposer son avenir, doit donc sans découragement, poursuivre avec confiance le plan auquel il s'est arrêté : aussi, ses connaissances seront-elles assez étendues pour que rien ne vienne le surprendre.

Son active prévoyance s'étendant à tout, il verra tout par lui-même s'il veut éviter des accidents qui peuvent, au début, se réparer facilement et gagneraient bientôt, par négligence, des proportions considérables.

Père d'une famille nombreuse, il doit sentir la responsabilité qui pèse sur lui et accomplir sa tâche avec amour. Volonté, ordre, activité, savoir, prévoyance et bonté, telles sont les choses indispensables aux laboureurs, à ces hommes appelés à diriger, seuls au milieu des campagnes, des exploitations considérables où tant d'intérêts sont en jeu.

A LA MÊME LIBRAIRIE.

Abonnement au *Bulletin du Comice de Metz ;* quatre livraisons trimestrielles formant par année un volume in-8°, prix.

Abonnement au *Journal d'Agriculture pratique et de Jardinage,* publié par les rédacteurs de la *Maison rustique ;* prix...................................... 15ᶠ »

Abonnement à la *Revue horticole* publiée par MM. Poiteau, Vilmorin, Neumann, Pépin, Decaisne ; prix avec gravures coloriées.. 9ᶠ »

Nouveau Mode d'assolement, par M. Pelte ; brochure in-8°, prix.. »ᶠ 50

Le Bien de tous par l'Agriculture, par M. Pelte ; brochure in-12, prix.................................... »ᶠ 50

Guide du garçon de culture, par M. Pelte ; brochure in-12, prix.. »ᶠ 40

Nouveau mode de culture et d'échalassement de la vigne, par T. Collignon d'Ancy ; un vol. in-8°, avec 3 pl., prix. 3ᶠ »

Culture de la vigne et fabrication du vin dans le département de la Moselle, par M. G. Dufour ; in-18, figures, prix. 1ᶠ 25

Taille des arbres fruitiers, par M. G. Dufour ; in-18, figures, prix.................................... 1ᶠ »

Manuel pratique de Drainage, par H. Stephens et J. M. Leclerc ; un volume in-12 de 500 pages, avec 90 figures intercalées dans le texte, prix.................. 1ᶠ 50

Cours de Zoologie, par M. Lasaulce ; un volume in-12, avec planches, prix....................... 2ᶠ »

Cours de Botanique, par M. Lasaulce ; un volume in-12, avec planches, prix...................... 1ᶠ 75

Géologie et Minéralogie, par M. Lasaulce ; un volume in-12, avec planches, prix..................... 1ᶠ 50

Catéchisme agricole ou notions élémentaires d'Agriculture, par demandes et par réponses (*ouvrage imité de Travanet*); in-18, prix.. »ᶠ 50